FACHWISSEN FEUERWEHR

Kemper

GRUNDTÄTIGKEITEN SICHERN, RETTEN UND SELBSTRETTEN

2. Auflage 2022

Bibliografische Informationen der deutschen Nationalbibliothek

Die Deutsche Nationalbibliothek verzeichnet diese Publikation in der Deutschen Nationalbibliografie; detaillierte bibliografische Daten sind im Internet über http://www.dnb.de abrufbar.

Bei der Herstellung des Werkes haben wir uns zukunftsbewusst für umweltverträgliche und wiederverwertbare Materialien entschieden.

Gendererklärung:
Aus Gründen der besseren Lesbarkeit wird in diesem Werk die Sprachform des generischen Maskulinums angewendet. Es wird darauf hingewiesen, dass die ausschließliche Verwendung der männlichen Form geschlechtsunabhängig zu sehen ist.

ISBN 978-3-609-69529-7

E-Mail: kundenservice@ecomed-storck.de

Telefon: 089/2183-7922
Telefax: 089/2183-7620

2. Auflage 2022

Nachweis der Titelbilder auf Umschlagseite 1:
Oben links: Michael Ehresmann, Feuerwehrforum Wiesbaden112.de
Oben rechts: Wolfgang Werft, Nürnberg
Unten links: Wolfgang Werft, Nürnberg
Unten rechts: Andreas Labonte, Feuerwehrforum Wiesbaden112.de

Satz: Fotosatz Pfeifer, 82152 Krailling
Druck: Westermann Druck, Zwickau

Vorwort

Die Anforderungen an die Angehörigen der Feuerwehren haben sich im Laufe der letzten Jahre erheblich verändert. Genügten in der Vergangenheit oftmals die Kenntnisse der normalen Brandbekämpfung, müssen heute selbst kleinere Feuerwehren die unterschiedlichsten Notlagen meistern können, um in Not geratene Menschen oder Tiere zu retten, Sachwerte zu erhalten und die Umwelt vor schädlichen Einwirkungen zu schützen.

Daher ist es erforderlich, dass alle Feuerwehrangehörigen umfassend ausgebildet werden. Dabei ergibt sich jedoch das Problem, dass diese Ausbildung von den meist ehrenamtlich tätigen Feuerwehrangehörigen zusätzlich zu den ebenfalls weiter steigenden Anforderungen in deren Berufsleben und den vielfältigen Verpflichtungen im privaten oder familiären Umfeld geleistet werden muss. Letztlich liegt es an den Feuerwehrangehörigen selbst, ob und in welchem Umfang sie bereit sind, sich durch eine regelmäßige und aktive Teilnahme an der angebotenen Aus- und Weiterbildung den gesteigerten Anforderungen an die Feuerwehren zu stellen.

Das Ziel der Broschürenreihe „Fachwissen Feuerwehr“ besteht darin, die Feuerwehrangehörigen mit dem Wissen auszustatten, das in der heutigen Zeit erforderlich ist, um aufgabengerecht und wirkungsvoll in den Feuerwehren eingesetzt zu werden. Diese Broschürenreihe richtet sich vor allem an die Feuerwehrangehörigen, die erstmals in das jeweilige Thema „einsteigen“, aber auch an die Feuerwehrangehörigen, die sich ein solides Basiswissen aneignen möchten.

Die Inhalte der Broschürenreihe entsprechen weitgehend den Inhalten und Vorgaben der Feuerwehr-Dienstvorschrift 2 (FwDV 2) „Ausbildung der Freiwilligen Feuerwehren“ und den daraus angeleiteten Lernzielkatalogen. Deshalb kann diese Broschürenreihe auch gut zur Vorbereitung und Unterstützung der unterschiedlichen Aus- und Weiterbildungsmaßnahmen der Feuerwehren genutzt werden.

Die jeweiligen Texte und Abbildungen sind in leicht verständlicher Weise dargestellt, Hinweise und Merksätze filtern die für die Praxis wichtigen Informationen heraus. Auf die Verwendung von speziellen Formeln und wenig gebräuchlichen Begriffen wird weitgehend verzichtet. Die Angabe technischer Daten erfolgt ohne Gewähr.

Weiter gelten alle Funktionsbezeichnungen und personenbezogenen Begriffe für Feuerwehrangehörige aller Geschlechter.

Die Broschüre **„Grundtätigkeiten – Sichern, Retten und Selbstretten“** befasst sich mit den Grundlagen, die zur einheitlichen Ausbildung der Feuerwehrangehörigen und für die sachgerechte Durchführung von Sicherungs-, Rettungs- und Selbstrettungsmaßnahmen notwendig sind. Dabei werden insbesondere die Vorgaben der Feuerwehr-Dienstvorschrift 1 (FwDV 1) „Grundtätigkeiten – Lösch- und Hilfeleistungseinsatz“ berücksichtigt.

Der Herausgeber bedankt sich besonders bei der Feuerwehr Paderborn und bei Wolfgang Werft für die Unterstützung bei der Erstellung der Broschüre.

Geseke, August 2022

Hans Kemper

Inhalt

1 Einleitung

Entsprechend der Brandschutzgesetze in den einzelnen Bundesländern ist es Aufgabe der Feuerwehren, die Gefahren abzuwehren, die der Allgemeinheit oder dem Einzelnen durch Schadenfeuer drohen, sowie bei Unglücksfällen und bei sonstigen Ereignissen, wie Naturereignisse, Explosionen, Gebäudeeinstürze oder ähnliche Vorkommnisse technische Hilfe zu leisten. Das Retten von Menschen und Tieren zählt zu den vorrangigsten Einsatzaufgaben der Feuerwehren. Dabei können aber auch die Einsatzkräfte in gefährliche Situationen geraten, aus denen sie sich selbst retten müssen.

Abbildung 1: Retten einer verunfallten Person mit einer Korbtrage! (Quelle: firemovie, Offenbach)

Gemäß der Feuerwehr-Dienstvorschrift 3 (FwDV 3) „Einheiten im Lösch- und Hilfeleistungseinsatz“ wird das Retten wie folgt beschrieben:

Retten ist das Abwenden einer Gefahr von Menschen oder Tieren durch lebensrettende Sofortmaßnahmen, die sich auf Erhaltung oder Wiederherstellung von Atmung, Kreislauf und Herztätigkeit richten und/oder durch Befreien aus einer lebens- oder gesundheitsgefährdenden Zwangslage.

Die von den Feuerwehren hierfür eingesetzten Rettungsgeräte sind vor allem dazu geeignet, beziehungsweise können dazu genutzt werden, Personen oder Tiere aus einem Gefahrenbereich herauszuführen oder aus einer lebensbedrohlichen Zwangslage zu befreien. Zum Teil können sie auch für sonstige Einsatzmaßnahmen der Feuerwehr verwendet werden. Sicheres und schnelles Arbeiten an einer Einsatzstelle ist aber nur dann erreichbar, wenn die Einsatzkräfte auch zweckmäßige Handgriffe und Bewegungsabläufe zusammen mit diesen Rettungsgeräten beherrschen und dabei auch die Grundsätze der Unfallverhütungsvorschriften beachten.

In den folgenden Kapiteln werden auf der Basis der Feuerwehr-Dienstvorschrift 1 (FwDV 1) „Grundtätigkeiten – Lösch- und Hilfeleistungseinsatz“ vor allem die Handgriffe und Bewegungsabläufe behandelt, die als Grundtätigkeiten beim Sichern, Retten und Selbstretten für die einzelnen Einsatzkräfte von besonderer Bedeutung sind. Es ist für die einzelnen Feuerwehrangehörigen mitunter durchaus mühsam und vielleicht langweilig, immer wieder nur Grundtätigkeiten zu trainieren. Aber alles, was nicht „in Fleisch und Blut“ übergegangen ist, klappt unter Zeitdruck und unter der besonderen Anspannung des Einsatzgeschehens nur zufällig oder eben gar nicht.

Hinweis: Die bildlichen Darstellungen in den folgenden Kapiteln sagen aus, wie bestimmte Geräte gehandhabt werden können.

2 Geräte und Ausrüstungen

Damit die Feuerwehren bei ihren Einsätzen schnelle und wirksame Hilfe leisten können, stehen ihnen entsprechend den örtlichen Erfordernissen umfangreiche Geräte und Ausrüstungen zur Verfügung. Zu den Rettungsgeräten, die auf den genormten Löschfahrzeugen oder Rüstwagen mitgeführt werden, gehören tragbaren Leitern, Feuerwehrleinen, Feuerwehr-Haltegurte, Sprungrettungsgeräte sowie Gerätesätze Absturzsicherung oder Auf- und Abseilgerät. Zu den mitgeführten Sanitätsgeräten gehören Krankentragen, Tragetücher, Rettungsbretter und Korbtragen.

Tabelle 1: Anzahl der mitgeführten Geräte und Ausrüstungen

	TSF	TSF-W	MLF	LF 10 HLF 10	LF 20 HLF 20	LF 20 KatS	RW
vierteilige Steckleiter	1	1	1	1[1)]	1[1)]	1	–
Schiebleiter	–	–	–	–	1	–	–
Multifunktionsleiter	–	–	–	2[2)]	2[2)]	–	1
Feuerwehrleine	4	4	4	4	4	4	2
Feuerwehr-Haltegurt	–	–	–	–	–	6	–
Gerätesatz Absturzsicherung	–	–	–	–	–	–	1
Gerätesatz Auf- und Abseilgerät	–	–	–	–	–	–	1
Sprungpolster	–	–	–	–	1	–	–
Krankentrage	–	1	1	1[2)]	1[2)]	1	–
Tragetuch	–	1	1	1	1	1	1
Rettungsbrett	–	–	–	1	1	–	–
Korbtrage	–	–	–	–	–	–	1

[1)] oder zwei Multifunktionsleitern
[2)] auf Wunsch des Bestellers

3 Tragbare Leitern

Tragbare Leitern sind Leitern, die auf oder in Feuerwehrfahrzeugen mitgeführt, an der Einsatzstelle von Einsatzkräften vom oder aus dem Fahrzeug entnommen, von ihnen zur vorgesehenen Stelle getragen und dort aufgestellt werden. Sie werden verwendet, wenn Einsatzmaßnahmen in höher oder tiefer gelegenen Bereichen erforderlich sind.

Abbildung 2: Rettung über tragbare Leitern (Quelle: Michael Ehresmann, Feuerwehrforum Wiesbaden112.de)

Tragbare Leitern werden als Rettungsweg für die Rettung von Menschen und Tieren, als Angriffsweg bei Brand- und Hilfeleistungseinsätzen oder als Hilfsgerät bei sonstigen Einsätzen der Feuerwehr verwendet. Sie stellen neben den Drehleitern und Hubarbeitsbühnen oftmals den letztmöglichen Rettungs- oder Angriffsweg dar. Zu den tragbaren Leitern der Feuerwehr gehören die genormten Steckleitern, Schiebleitern, Multifunktionsleitern, Klappleitern und Hakenleitern. Die Einsatzkräfte der Feuerwehr müssen jederzeit in der Lage sein, die auf Feuerwehrfahrzeugen mitgeführten tragbaren Leitern in kürzester Zeit entsprechend den jeweiligen Vorgaben der Feuerwehr-Dienstvorschrift 10 (FwDV 10) „Die tragbaren Leitern“ bestimmungsgemäß einzusetzen, vor allem, um eine schnelle und sichere Rettung von Personen zu ermöglichen.

3.1 Steckleitern

Eine Steckleiter wird aus maximal vier einzeln zusammengesteckten Leiterteilen gebildet. Mit einer vierteiligen Steckleiter kann bis zum 2. Obergeschoss eines Gebäudes mit normalen Raum- und Brüstungshöhen gestiegen werden, bei Einsätzen zur Rettung von Menschen sogar bis zu einer Brüstungshöhe von etwa 8 Meter über der Geländeoberfläche.

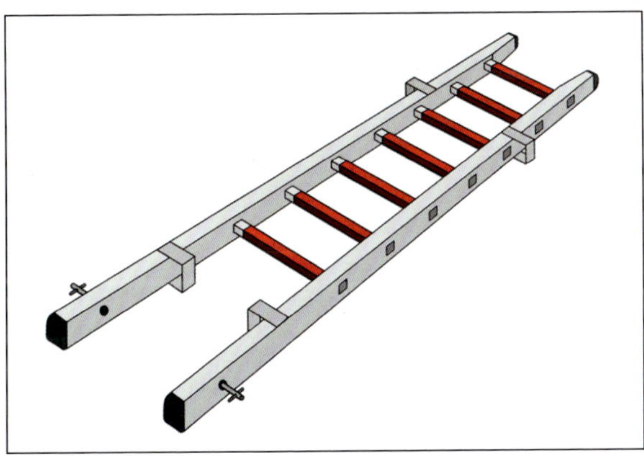

Abbildung 3: Schematische Darstellung eines Steckleiterteils aus Leichtmetall (B-Teil)

Steckleiterteile werden aus Leichtmetall oder Holz gefertigt, haben eine Länge von etwa 2,70 Meter und werden in A- und B-Teile unterschieden. Im Gegensatz zu den B-Teilen haben A-Teile im unteren Bereich zwei zusätzliche Sprossen und können nur als Unterleiter eingesetzt werden. Werden auf einem Einsatzfahrzeug vier Steckleiterteile (B-Teile) mitgeführt, sind diese grundsätzlich durch ein Steckleiter-Einsteckteil zu ergänzen.

Für die Verwendung als Stehleiter (auch Bockleiter genannt) können zwei (in Ausnahmefällen auch vier) Steckleiterteile im Kopfbereich mit einem Steckleiter-Verbindungsteil verbunden werden. Ein Steckleiter-Verbindungsteil besteht aus einer Plattform mit schräg angebrachten Leiterholmprofilen mit Schnappschlössern. An der Unterseite befindet sich ein stabiles Querprofil mit einer Bohrung, die als Lastaufnahme für einen Gerätesatz Auf- und Abseilgerät verwendet werden kann.

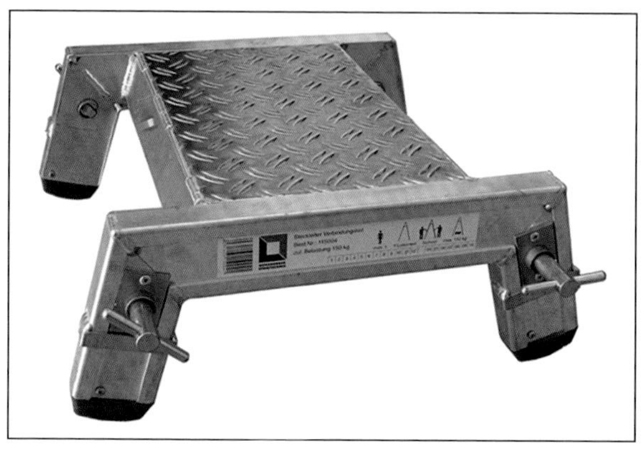

Abbildung 4:
Steckleiter-Verbindungsteil (Quelle: GÜNZBURGER STEIGTECHNIK GMBH, Günzburg)

3.2 Schiebleiter

Die Schiebleiter ist die längste tragbare Leiter der Feuerwehr. Sie wird ausschließlich als Anlegeleiter verwendet und kann bis zu einer Höhe von etwa 12 Meter über der Geländeoberfläche ausgeschoben und eingesetzt werden. Dies entspricht der Brüstungshöhe eines Fensters im 3. Obergeschoss eines Gebäudes mit normalen Raum- und Brüstungshöhen.

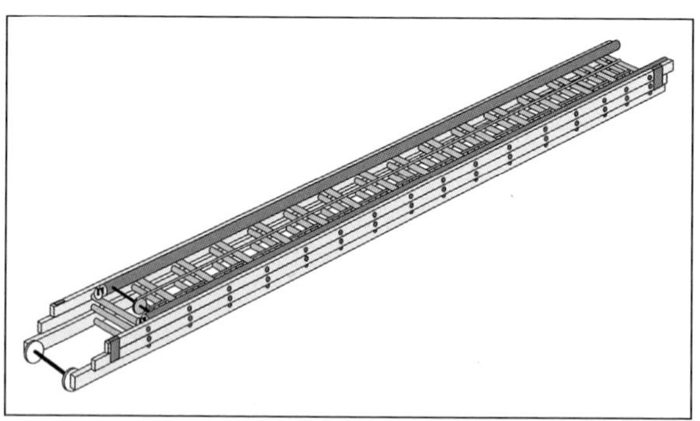

Abbildung 5:
Schematische Darstellung einer Schiebleiter aus Leichtmetall

Eine Schiebleiter besteht aus drei Leiterteilen, die durch Führungsbügel verbunden sind und bei der Verwendung mit Seilen, die über Umlenkrollen laufen, teleskopartig auseinandergeschoben werden.

Am Leiterkopf der Unterleiter sind zwei schwenkbare Stützen angebracht, die das Aufrichten der Schiebleiter erleichtern und das Durchbiegen und seitliche Verschieben beim Besteigen der Schiebleiter verhindern.

Die Schiebleiter wird über zwei getrennte Seilzüge ausgezogen. Durch Ziehen am Bedienungsseil schieben sich die Unterleiter und Mittelleiter auseinander, wobei über ein festverbundenes Drahtseil zwangsläufig auch die Oberleiter mit ausgeschoben wird. Ist die erforderliche Höhe erreicht, lässt man die Leiterteile ein Stück zurückgleiten, damit die zwei selbständig wirkenden Fallhaken auf die nächstliegende Sprosse aufsetzen und die Schiebleiter so in der ausgezogenen Position halten.

3.3 Multifunktionsleiter

Eine Multifunktionsleiter ist für spezielle Anwendungen der Feuerwehr vorgesehen, die durch die sonstigen tragbaren Leitern nicht oder nur unzureichend durchgeführt werden können. Sie besteht aus zwei Leiterteilen, die mit einem Scharnier gelenkig verbunden sind und einem Aufsteckteil. Im zusammengeklappten Zustand liegen die beiden Leiterteile mit den Holmen aufeinander, die Aufsteckleiter liegt zwischen den beiden Leiterteilen. Multifunktionsleitern können als Stehleiter, als Stehleiter mit Aufsteckleiter, als Anlegeleiter (auch mit zwei verbundenen Leitern), als Anlegeleiter mit Aufsteckleiter (auch mit zwei verbundenen Leitern), als Einhängeleiter oder auch als Dachleiter eingesetzt werden.

Beidseitige Verbindungselemente sichern die Leiterteile im zusammengeklappten Transportzustand und dienen zur Sicherung bei der Verbindung von zwei Multifunktionsleitern. Die beidseitig an den Scharnieren angebrachten Verschlüsse sichern die Leiter im ausgeklappten Zustand bei der Anwendung als Anlegeleiter. Die Aufsteckleiter verfügt über vier Steckhaken und eine Abhebesicherung, mit denen sie an den Sprossen eines Leiterteils befestigt werden kann. Für die Anwendung als Stehleiter sind im Gelenkbereich der beiden Leiterteile beidseitig Klappstreben angebracht, die der starren Verbindung der ansonsten klappbaren Leiterteile dienen und so einen sicheren Stand der Leiter ermöglichen.

Abbildung 6:
Multifunktionsleiter, in der Anwendung als Stehleiter mit Aufsteckteil
(Quelle: GÜNZBURGER STEIG-TECHNIK GMBH, Günzburg)

3.4 Sonstige tragbare Leitern

Dort, wo der Platz zum Aufstellen anderer Leitern nicht ausreicht oder andere Leitern aufgrund der Einsatzhöhe oder besonderer baulicher Gegebenheiten nicht in Stellung gebracht werden können, sind Hakenleitern durch die Feuerwehr einsetzbar. Sie werden als Steig- und Rettungsgerät und auch als Übungsgerät eingesetzt. Hakenleitern dürfen nur im eingehängten Zustand und dann nur von einer Einsatzkraft zum Senkrechtsteigen eingesetzt werden, das heißt, sie dürfen nur auf Zug belastet werden.

Klappleitern können als Anstellleiter verwendet werden und dienen hauptsächlich zur Überwindung kleinerer Höhenunterschiede. Sie eignen sich besonders zum Aufstellen in engen Räumen und Schächten, nehmen im zusammengeklappten Zustand nur wenig Platz ein und lassen sich so leicht durch verwinkelte Räume oder schmale Stellen transportieren.

Hinweis: Hakenleitern und Klappleitern gehören nicht mehr zur Beladung der aktuell genormten Einsatzfahrzeuge der Feuerwehr. Noch vorhandene Hakenleitern und Klappleitern dürfen weiterhin verwendet werden, sofern sie regelmäßig geprüft werden.

3.5 Vornahme tragbarer Leitern

Die Vornahme tragbarer Leitern ist in der Feuerwehr-Dienstvorschrift 10 (FwDV 10) „Die tragbaren Leitern“ geregelt. Sie wird vom jeweiligen Einheitsführer befohlen. Die beauftragten Einsatzkräfte entnehmen die Leitern mit Unterstützung des Maschinisten vom Fahrzeug und tragen sie mit ausgestrecktem Arm an den Sprossen – mit dem Leiterfuß voraus – zur vorgesehenen Anleiterstelle.

Bei der Verwendung von tragbaren Leitern ist grundsätzlich darauf zu achten, dass ein einmal geschaffener Angriffsweg über eine Leiter bestehen bleibt, damit ihn die vorgehenden Einsatzkräfte als Rückzugsweg oder in einer Notsituation auch als Fluchtweg benutzen können.

3.5.1 Vornahme einer Steckleiter

Eine vierteilige Steckleiter kann entweder durch zwei Trupps – üblicherweise durch den Angriffstrupp und den Wassertrupp – oder auch durch einen Trupp zusammen mit einer weiteren Einsatzkraft – üblicherweise durch den Angriffstrupp und den Melder – vorgenommen werden.

■ Vornahme durch zwei Trupps

Nachdem der Einheitsführer den Befehl zur Vornahme der Steckleiter gegeben hat, wiederholt der Truppführer (A-Trupp) den Befehl. Der Maschinist begibt sich auf das Fahrzeug, entriegelt die Leiterhalterung und schiebt alle vier Steckleiterteile aus der Halterung. Der zweite Trupp nimmt die Steckleiterteile am Leiterfuß an und senkt diese soweit in Richtung Boden, dass der andere Trupp (A-Trupp) die Leiterteile abnehmen kann.

Abbildung 7:
Entnahme der Steckleiterteile vom Fahrzeug
(Quelle: Hans Kemper, Geseke)

Durch die beiden Trupps werden grundsätzlich alle vier Steckleiterteile zur vorgesehene Anleiterstelle getragen. Die Steckleiterteile werden unterhalb der Einstiegsöffnung abgelegt, etwa einen Schritt vor dem Einsatzobjekt und möglichst im rechten Winkel zum Objekt. Nach dem Ablegen der Steckleiterteile erfolgt eine Kehrtwendung der Einsatzkräfte und die beiden oberen Leiterteile werden bis zum Leiterkopf der darunterliegenden Leiterteile zurückgenommen und vom zweiten Trupp in diese eingesteckt.

Abbildung 8: Zurücknehmen
(Quelle: Hans Kemper, Geseke)

Abbildung 9: Einstecken
(Quelle: Hans Kemper, Geseke)

Dabei hält der zweite Trupp mit jeweils einer Hand den Leiterfuß der oberen Leiterteile an den Schnappschlössern und mit der anderen Hand eine Sprosse am Leiterkopf der unteren Leiterteile und schiebt die Holmenden in die Steckkästen. Die Anzahl der einzusetzenden Steckleiterteile wird vom Truppführer (A-Trupp) am Leiterkopf bestimmt. Werden nur drei Steckleiterteile benötigt, wird jetzt das oberste Steckleiterteil abgenommen und so zur Seite gelegt, dass dadurch keine Stolpergefahr entsteht. Anschließend wird die zusammengesteckte Steckleiter an einen Festpunkt geschoben, um das Aufrichten der Leiter zu erleichtern.

Der zweite Trupp richtet die Leiter auf. Der andere Trupp (A-Trupp) unterstützt dabei zunächst am Leiterkopf, begibt sich anschließend zum Leiterfuß und sichert die Steckleiter beim Aufrichten. Dazu wird jeweils ein Fuß auf die unteren Enden der Leiterholme gesetzt. Der zweite Trupp richtet die Steckleiter durch wechselndes Greifen mit den Händen an den Holmen auf. Der andere Trupp (A-Trupp) hilft durch Ziehen mit.

Nachdem die Steckleiter aufgerichtet am Einsatzobjekt anliegt, wird sie etwas angehoben und der Leiterfuß vom Gebäude abgezogen. Nach dem Aufrichten wird die Steckleiter durch den beauftragten Trupp bestiegen. Der zweite Trupp steht dann für andere Einsatzaufgaben zur Verfügung.

Abbildung 10: Aufrichten
(Quelle: Hans Kemper, Geseke)

Abbildung 11: Aufsteigen
(Quelle: Hans Kemper, Geseke)

Der Truppführer (A-Trupp) steigt auf und ein; der Truppmann sichert dabei die Steckleiter hinter den Holmen stehend, mit beiden Händen an den Holmen. Anschließend sichert der eingestiegene Truppführer die Steckleiter am Leiterkopf und der Truppmann steigt nach.

■ Vornahme durch drei Einsatzkräfte

Nachdem der Einheitsführer den Befehl zur Vornahme der Steckleiter gegeben hat, wiederholt der Truppführer (A-Trupp) den Befehl. Der Maschinist begibt sich auf das Fahrzeug, entriegelt die Leiterhalterung und schiebt alle vier Steckleiterteile aus der Halterung. Dabei nimmt die einzelne Einsatzkraft die Steckleiterteile am Leiterfuß entgegen, der Trupp im Bereich unmittelbar hinter dem Fahrzeug.

Es werden grundsätzlich alle vier Steckleiterteile zur vorgesehene Anleiterstelle getragen. Die Steckleiterteile werden unterhalb der Einstiegsöffnung abgelegt, etwa einen Schritt vor dem Einsatzobjekt und möglichst im rechten Winkel zum Objekt.

Abbildung 12:
Tragen zum Einsatzobjekt (Quelle: Hans Kemper, Geseke)

Nach dem Ablegen der Steckleiterteile stellt sich der Truppführer vor das Kopfende der Steckleiter. Die dritte Einsatzkraft steht am Leiterfuß neben der Leiter. Der Truppmann geht bis zum Leiterfuß zurück und stellt sich ebenfalls neben die Leiter.

Die beiden oberen Leiterteile werden dann bis zum Kopfende der darunterliegenden Leiterteile zurückgenommen und in diese eingesteckt. Dabei halten der Truppmann und die dritte Einsatzkraft mit jeweils einer Hand den Leiterfuß der oberen Leiterteile an den Schnappschlössern und mit der anderen Hand eine Sprosse am Leiterkopf der unteren Leiterteile und schiebt die Holmenden in die Steckkästen. Werden nur drei Steckleiterteile benötigt, wird jetzt das oberste Steckleiterteil abgenommen und so zur Seite gelegt, dass dadurch keine Stolpergefahr entsteht. Anschließend wird die zusammengesteckte Steckleiter an einen Festpunkt geschoben, um das Aufrichten der Leiter zu erleichtern.

Der Truppmann und die Einsatzkraft richten die Leiter an den Holmen auf. Der Truppführer unterstützt dabei zunächst am Leiterkopf, begibt sich anschließend zum Leiterfuß und hilft, mit einem Fuß auf das Ende eines Leiterholmes drückend, durch Ziehen mit. Nachdem die Steckleiter aufgerichtet am Einsatzobjekt anliegt, wird sie etwas angehoben und der Leiterfuß vom Gebäude abgezogen. Nach dem Aufrichten wird die Steckleiter durch den beauftragten Trupp bestiegen. Die dritte Einsatzkraft kann dann für andere Einsatzaufgaben eingesetzt werden.

■ Vornahme durch Einstecken am Leiterfuß

Bei der Vornahme einer Steckleiter auf engem Raum kann sie durch Einstecken am Leiterfuß verlängert werden. Die Steckleiter wird möglichst nahe zur Anleiterstelle gebracht und die Leiterpaare dort auseinandergenommen. Der Trupp erfasst ein Leiterteil, hebt es – an den Schnappschlössern und an den Holmen greifend – hoch und legt es möglichst schräg an das Einsatzobjekt an, bei Steckleiterteilen aus Holz mit der Schrägfläche zum Objekt.

Abbildung 13: Hochheben
(Quelle: Hans Kemper, Geseke)

Abbildung 14: Einstecken
(Quelle: Hans Kemper, Geseke)

Beim Hochheben soll möglichst lange mit jeweils einer Hand an die Leiterholme gegriffen werden, um ein seitliches Kippen der Leiter zu verhindern. Ein weiteres Leiterteil wird von einer dritten Einsatzkraft von unten in die Steckkästen des hochgeschobenen Leiterteils eingesteckt und die Schnappschlösser zum Einrasten gebracht. Bis zu zwei weitere Leiterteile können in gleicher Weise eingesteckt werden. Ist das unterste Leiterteil ein B-Teil, wird es mit einem Steckleiter-Einsteckteil ergänzt.

■ Vornahme durch Aufstecken am Leiterkopf

Bei der Vornahme einer Steckleiter in die Tiefe kann sie durch Aufstecken am Leiterkopf verlängert werden. Die Steckleiter wird möglichst nahe zur Anleiterstelle gebracht und die Leiterpaare dort auseinandergenommen. Der Trupp lässt ein Steckleiterteil bis zur drittletzten Sprosse nach unten herab und hält das Leiterteil jeweils mit einer Hand an der Sprosse fest. Ein weiteres Leiterteil wird von einer dritten Einsatzkraft von oben in die Steckkästen des herabgelassenen Leiterteils eingeschoben und die Schnappschlösser zum Einrasten gebracht. Bis zu zwei weitere Leiterteile können in gleicher Weise aufgesetzt werden, bis die Steckleiter auf dem Boden steht. Eine geeignete Ausrichtung für das sichere Besteigen der Steckleiter kann durch seitliches Verschieben am Leiterkopf erreicht werden.

Hinweis: Bewegen sich die Einsatzkräfte bei dieser Vornahme einer Steckleiter in einem absturzgefährdeten Bereich, müssen sie durch Halten oder Auffangen gesichert werden.

3.5.2 Vornahme einer Schiebleiter

Eine Schiebleiter wird immer durch zwei Trupps – üblicherweise durch den Angriffstrupp und den Wassertrupp – vorgenommen. Nachdem der Einheitsführer den Befehl zur Vornahme der Schiebleiter an die beiden Trupps gegeben hat, wiederholt der Truppführer (A-Trupp) den Befehl. Der Maschinist begibt sich auf das Fahrzeug, entriegelt die Leiterhalterung und schiebt die Schiebleiter aus der Halterung.

Dabei nimmt der zweite Trupp die Schiebleiter am Leiterfuß an und senkt diese soweit in Richtung Boden, dass der andere Trupp (A-Trupp) die Leiter abnehmen kann.

Abbildung 15: Entnahme der Schiebleiter vom Fahrzeug (Quelle: Hans Kemper, Geseke)

Durch die beiden Trupps wird die Schiebleiter zur vorgesehenen Anleiterstelle getragen und unterhalb der Einstiegöffnung möglichst im rechten Winkel zum Objekt abgelegt. Der Abstand des Leiterfußes zum Einsatzobjekt richtet sich nach der Einstieghöhe und wird vom Truppführer (A-Trupp) am Leiterkopf bestimmt. Der zweite Trupp am Leiterfuß löst die Halteriemen der Stützen, nimmt die Stützen hoch und sichert mit jeweils einem Fuß auf dem Fußanker zwischen den unteren Enden der Leiterholme. Der Trupp (A-Trupp) am Leiterkopf richtet die Schiebleiter auf. Der zweite Trupp am Leiterfuß unterstützt dabei durch Ziehen an den Stützen.

Die Schiebleiter wird nahezu senkrecht, mit einer leichten Neigung zur Anleiterstelle hin, aufgestellt. Ist die Schiebleiter aufgerichtet, übernimmt der Truppführer (A-Trupp) die Sicherung am Leiterfuß. Hierzu setzt er einen Fuß auf den Fußanker, hält die Leiter von außen an den Holmen fest und überwacht das Ausziehen der Leiter. Der zweite Trupp sichert die Schiebleiter an den Stützen, die dabei auf dem Boden stehen müssen.

Abbildung 16: Aufrichten
(Quelle: Hans Kemper, Geseke)

Abbildung 17: Ausziehen
(Quelle: Hans Kemper, Geseke)

Der Truppmann (A-Trupp) löst das Bedienungsseil, zieht die Schiebleiter auf die vom Truppführer vorgegebene Länge aus, achtet auf das Aufsetzen der Fallhaken und befestigt das Seil. Dabei wird das Bedienungsseil über drei Sprossen geführt und mit einem Mastwurf auf der oberen der drei Sprossen befestigt und mit einem Spierenstich gesichert.

Nach dem Befestigen des Bedienungsseils wird die Schiebleiter an das Gebäude angelegt. Dabei tritt der zweite Trupp seitlich zurück und richtet die Stützen so aus, dass sie nicht belastet auf dem Boden stehen und ein Durchbiegen und seitliches Verschieben der Schiebleiter vermieden wird. Der befohlene Trupp (A-Trupp) steigt auf und ein. Der zweite Trupp sichert die Schiebleiter so lange an den Stützen, bis der aufgestiegene Trupp (A-Trupp) zurückgekehrt ist.

Hinweis: Beim Ausziehen und Einfahren der Schiebleiter darf nur an die Leiterholme gefasst werden.

Bedienungsseil unter der unteren der drei festgelegten Sprossen nach außen ziehen.

Bedienungsseil doppelt zwischen der mittleren und oberen Sprosse wieder nach innen ziehen.

Bedienungsseil über die obere Sprosse nach außen führen und unter der Sprosse rechts am herunterhängenden Bedienungsseil vorbei wieder nach innen ziehen.

Eine Schlaufe um das herunterhängende Bedienungsseil herumlegen, über die Sprosse nach außen führen und unter der Sprosse wieder durch die Schlaufe ziehen.

Abbildung 18a bis d: Mastwurf um die Sprosse (Quelle: Hans Kemper, Geseke)

3.5.3 Vornahme einer Multifunktionsleiter

Eine Multifunktionsleiter wird durch drei Einsatzkräfte vorgenommen. Die Vornahme durch einen Trupp ist ebenfalls möglich. Die beauftragten Einsatzkräfte entnehmen die Leiter mit Unterstützung des Maschinisten vom oder aus dem Fahrzeug und tragen sie zur vorgesehenen Anleiterstelle.

Abbildung 19: Vornahme einer Multifunktionsleiter durch einen Trupp (Quelle: Hans Kemper, Geseke)

■ Verwendung als Anlegeleiter

Die Multifunktionsleiter wird unterhalb der Einstiegöffnung abgelegt, etwa einen Schritt vor dem Einsatzobjekt und möglichst im rechten Winkel zum Objekt. Dann werden die Federbolzen rechts und links am Leiterfuß nach außen gezogen und arretiert. Die Einsatzkräfte betätigen gleichzeitig den rechten beziehungsweise linken Scharnierverschluss, klappen die Multifunktionsleiter vollständig auf und schwenken und arretieren die Scharnierverschlüsse rechts und links in die vorgesehenen Bohrungen.

Die Aushebesicherung der Aufsteckleiter wird geöffnet. Wenn die Aufsteckleiter für den Einsatz nicht benötigt wird, wird sie aus der aufgeklappten Multifunktionsleiter entnommen und zur Seite gelegt.

Abbildung 20: Ziehen und Arretieren der Federbolzen
(Quelle: Hans Kemper, Geseke)

Abbildung 21: Betätigen der Scharnierverschlüsse
(Quelle: Hans Kemper, Geseke)

Abbildung 22: Arretierter Scharnierverschluss
(Quelle: Hans Kemper; Geseke)

Abbildung 23: Öffnen der Aushebesicherung
(Quelle: Hans Kemper, Geseke)

Die Einsatzkraft am Leiterfuß sichert die Multifunktionsleiter beim Aufrichten. Dazu wird ein Fuß auf das untere Ende eines Leiterholmes gesetzt. Die andere Einsatzkraft hebt die Leiter am Leiterkopf an und richtet sie an den Holmen auf. Die Einsatzkraft am Leiterfuß hilft durch Ziehen mit. Nachdem die Multifunktionsleiter aufgerichtet am Einsatzobjekt anliegt, wird sie etwas angehoben und der Leiterfuß dann vom Gebäude abgezogen. Nach dem Ausrichten kann die Multifunktionsleiter bestiegen werden.

■ Verwendung als Anlegeleiter mit Aufsteckleiter

Die Multifunktionsleiter wird zunächst, wie zuvor beschrieben, vorgenommen und auseinandergeklappt, die Scharnierverschlüsse entsprechend arretiert. Die entnommene Aufsteckleiter wird dann in der erforderlichen Höhe eingesteckt. Die Multifunktionsleiter und das Aufsteckteil müssen dabei mindestens drei Sprossen überlappen. Alle vier Steckhaken der Aufsteckleiter müssen auf den Sprossen der Multifunktionsleiter aufgesteckt sein und die Aushebesicherung einrasten.

Abbildung 24: Aufstecken auf die Sprossen (Quelle: Hans Kemper, Geseke)

Abbildung 25: Einrasten der Aushebesicherung (Quelle: Hans Kemper, Geseke)

■ Verwendung als Stehleiter

Die Multifunktionsleiter wird durch zwei Einsatzkräfte vom oder aus dem Fahrzeug entnommen, zur vorgesehenen Verwendungsstelle getragen und abgelegt. Die Federbolzen müssen nach oben liegen. Dann werden die Federbolzen rechts und links am Leiterfuß nach außen gezogen und arretiert.

Die Multifunktionsleiter wird aufgerichtet und die beiden Leiterteile aufgeklappt. Dabei kann die Aufsteckleiter in der Leiter verbleiben. Eine Einsatzkraft sichert die aufgeklappte Multifunktionsleiter an den Holmen. Die andere Einsatzkraft legt die Klappstreben von oben in die Federsperrbolzen ein. Durch Betätigen des Federsperrbolzens am Leiterholm von innen können die Klappstreben aus- beziehungsweise eingehängt werden. Der Senkkopf der Federsperrbolzen muss in die Senkung der Klappstreben eingreifen.

Abbildung 26: Aufklappen der beiden Leiterteile
(Quelle: Hans Kemper, Geseke)

Abbildung 27: Einlegen der Klappstrebe (Quelle: Hans Kemper, Geseke)

Hinweis: Die Multifunktionsleiter muss in diese Aufbauversion beim Besteigen durch mindestens eine Einsatzkraft gesichert werden!

3.5.4 Vornahme von zwei Multifunktionsleitern

Zwei Multifunktionsleitern werden durch zwei Trupps vorgenommen. Die beauftragten Trupps entnehmen die Leitern mit Unterstützung des Maschinisten vom oder aus dem Fahrzeug und tragen sie aufeinanderliegend zur vorgesehenen Anleiterstelle. Die Multifunktionsleitern werden unterhalb der Einstiegöffnung abgelegt, etwa einen Schritt vor dem Einsatzobjekt und möglichst im rechten Winkel zum Objekt.

Der Trupp am Leiterkopf legt die obere Multifunktionsleiter etwa eine halbe Leiterlänge vor der unteren Multifunktionsleiter ab. Die beiden Trupps klappen jeweils eine der Leitern auseinander und arretieren sie wie zuvor beschrieben. Die untere Multifunktionsleiter wird dann von den beiden Trupps gemeinsam um ihre Längsachse gedreht, sodass die Federbolzen zum Boden zeigen. Der hintere Trupp verbindet die beiden Multifunktionsleitern über alle vier Federbolzen. Dabei müssen mindestens drei Sprossen übereinanderliegen. Der zweite Trupp unterstützt dabei durch Anheben am Leiterfuß.

Der Trupp am Leiterfuß sichert die Multifunktionsleiter beim Aufrichten. Dazu wird jeweils ein Fuß auf die unteren Enden der Leiterholme gesetzt. Der andere Trupp hebt die Leiter am Leiterkopf an und richtet sie an den Holmen auf. Die Einsatzkraft am Leiterfuß hilft durch Ziehen mit. Nachdem die Multifunktionsleiter aufgerichtet am Einsatzobjekt anliegt, wird sie etwas angehoben und der Leiterfuß dann vom Gebäude abgezogen. Nach dem Ausrichten kann die Multifunktionsleiter bestiegen werden.

3.6 Zusammenfassung der Sicherheitshinweise

Die Feuerwehr-Dienstvorschrift 10 (FwDV 10) „Die tragbaren Leitern", die DGUV Vorschrift 49 „Feuerwehren", sowie die mitgeltenden DGUV Vorschriften, Regeln und Grundsätze enthalten unter anderem folgende Sicherheitshinweise, die bei der Verwendung tragbarer Leitern zu beachten sind:

- Einsatzkräfte dürfen die Leitern nur zu Zwecken benutzen, für die die Leitern geeignet und nach ihrer Bauart bestimmt sind.

- Die Leitern dürfen nur auf geeignete Standflächen und nicht auf weichem oder glattem Untergrund aufgestellt werden. Erforderlichenfalls sind sie gegen Einsinken oder Wegrutschen zu sichern.
- Die Leitern müssen standsicher und sicher begehbar aufgestellt, an sicheren Auflagepunkten wie Wände oder Brüstungen angelegt und beim Besteigen (durch Einsatzkräfte) gesichert werden.
- Die Leitern sollen mindestens 1 Meter über die Austrittsstelle hinausragen (mindestens drei Sprossen). Sind andere gleichwertige Möglichkeiten zum Festhalten vorhanden (Geländerholme, Fensterlaibungen, ...), ist es ausreichend, wenn die Leitern bis zur Höhe des Überstiegs reichen.
- Beim Aufrichten und Aufstellen der Leitern im Bereich elektrischer Anlagen ist zu beachten, dass zwischen der Leiter beziehungsweise den Personen auf der Leiter und unter Spannung stehenden Teilen ein ausreichender Sicherheitsabstand eingehalten wird.

Spannung	Sicherheitsabstand
bis 1.000 Volt	**1 Meter**
über 1.000 bis 110.000 Volt	**3 Meter**
über 110.000 bis 220.000 Volt	**4 Meter**
über 220.000 bis 380.000 Volt	**5 Meter**

- Die Leitern dürfen nicht über ihren oberen Auflagepunkt hinaus bestiegen werden.
- Steckleitern und Schiebleitern dürfen unabhängig von der Rettungshöhe jeweils nur von höchstens zwei Personen bestiegen werden.
- Ausrüstungsgegenstände, die sich nicht von den Einsatzkräften umhängen oder in die Schutzkleidung einstecken lassen, müssen mit Feuerwehrleinen hochgezogen oder herabgelassen werden.
- Nach jeder Benutzung sind die Leitern vom Benutzer einer Sichtprüfung auf Anzeichen von Verschleiß oder Beschädigungen zu unterziehen.
- Schadhafte Leitern sind unverzüglich der Benutzung zu entziehen und müssen so untergebracht oder gelagert werden, dass eine Weiterverwendung vor einer Instandsetzung sicher ausgeschlossen wird.

3.7 Selbstkontrolle und Testfragen

(Lösungen siehe Seite 84)

1. Welche genormten tragbaren Leitern werden bei den Feuerwehren verwendet?

a) Multifunktionsleitern
b) vierteilige Steckleitern
c) zweiteilige Schiebleitern
d) Hakenleitern

2. Welche Aussage über eine Steckleiter ist richtig?

a) Steckleiterteile werden aus Leichtmetall oder Holz gefertigt.
b) Mit einer vierteiligen Steckleiter kann bis zum 3. Obergeschoss eines Gebäudes mit normalen Raum- und Brüstungshöhen gestiegen werden.
c) Ein A-Teil kann nicht als Unterleiter eingesetzt werden.
d) Ein B-Teil kann zusammen mit einem Steckleiter-Einsteckteil auch als Unterleiter eingesetzt werden.

3. Mit wieviel Einsatzkräften wird eine Steckleiter vorgenommen?

a) Mit zwei Einsatzkräften (ein Trupp)
b) Mit drei Einsatzkräften (ein Trupp und eine weitere Einsatzkraft)
c) Mit vier Einsatzkräften (zwei Trupps)
d) Da es keine Vorgaben gibt, bestimmt der Einsatzleiter, wie viele Einsatzkräfte eine Steckleiter vornehmen.

4. Mit welchem Knoten wird das Bedienungsseil einer ausgezogenen Schiebleiter gesichert?

a) Mit einem Zimmermannsstich
b) Mit einen Mastwurf und einem Spierenstich
c) Mit einem doppelten Mastwurf
d) Mit einem Schiebleiterknoten

4 Rettungsgeräte

Die feuerwehrtechnische Beladung der Einsatzfahrzeuge der Feuerwehr wird in verschiedenene Gruppen eingeteilt. Zu der Gruppe der Rettungsgeräte gehören neben den tragbaren Leitern die Feuerwehrleinen, Feuerwehr-Haltegurte und Sprungrettungsgeräte sowie die Gerätesätze Absturzsicherung und Auf- und Abseilgerät.

4.1 Feuerwehrleinen

Die Feuerwehrleinen werden zur Sicherung und Rettung von Personen sowie zur Selbstrettung und zur Eigensicherung von Einsatzkräften verwendet, beziehungsweise zum Hochziehen und Herablassen oder zur Sicherung von Einsatzgeräten der Feuerwehr.

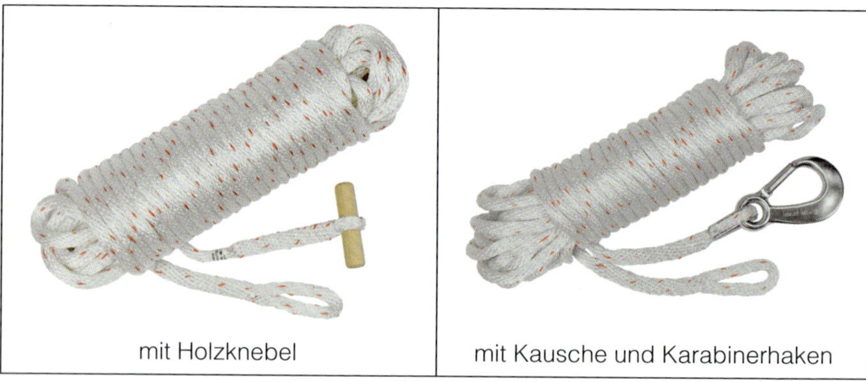

Abbildung 28: Feuerwehrleinen (Quelle: SKYLOTEC GmbH, Neuwied)

Eine genormte Feuerwehrleine besteht aus weißen Polyesterfasern und hat eine festgelegte Länge von 30 Meter. Ein Ende der Feuerwehrleine hat einen Schlaufenspleiß, das andere Ende kann mit einem Holzknebel oder einer Kausche mit Karabinerhaken versehen sein. Die Feuerwehrleine wird zum Transport in einem Feuerwehrmehrzweckbeutel (oder einem Feuerwehrleinenbeutel) aufbewahrt.

Feuerwehrleinen werden so in den jeweiligen Beutel eingelegt, dass sie im Einsatzfall ohne Verschlingungen und Verknotungen frei ablaufen können. Dazu wird das Ende mit dem Schlaufenspleiß am Boden des Beutels leicht lösbar befestigt. Eine Hand hält dann den Beutel, die Feuerwehrleine läuft durch diese Hand. Mit der anderen Hand wird die Feuerwehrleine in kreisförmigen Bewegungen nach und nach in den Beutel eingelegt.

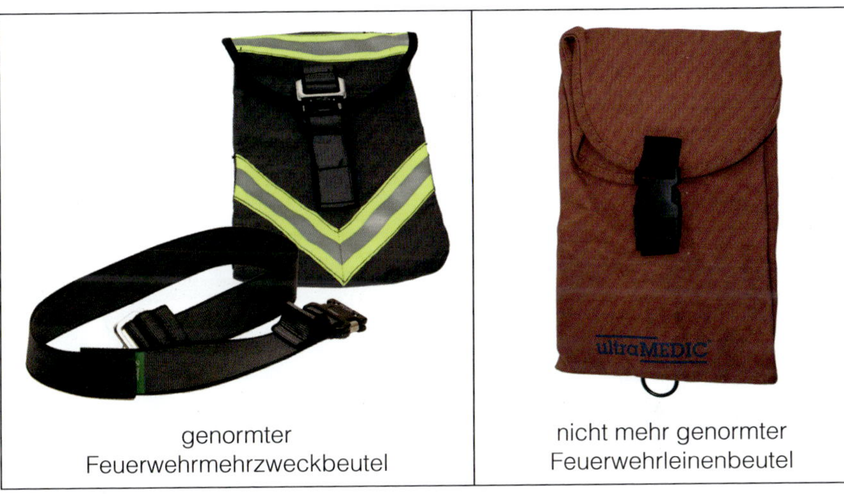

genormter Feuerwehrmehrzweckbeutel	nicht mehr genormter Feuerwehrleinenbeutel

Abbildung 29: Aufbewahrung der Feuerwehrleinen (Quellen: ultraMEDIC GmbH, Neuwied (links) und gfd® GmbH – Gemeinschaft Feuerwehrfachhandel Deutschland, Ludwigsfelde (rechts))

Das Einlegen kann mit einer Sichtprüfung der Feuerwehrleine verbunden werden. In diesem Fall werden keine Schutzhandschuhe getragen. Das Ende mit dem Holzknebel beziehungsweise dem Karabinerhaken wird abschließend so am oder im Beutel befestigt, dass es sofort greifbar ist und die Feuerwehrleine sicher aus dem Beutel herausgeführt werden kann.

Hinweis: Feuerwehrleinen müssen, wenn sie nicht zur Abwendung einer dringenden Gefahr verwendet werden, schonend behandelt werden. Beschädigungen sind zu vermeiden.

4.2 Feuerwehr-Haltegurte

Feuerwehr-Haltegurte mit Zweidornschnalle und Karabinerhaken mit Multifunktionsöse werden zusammen mit Feuerwehrleinen vor allem zum Halten beziehungsweise Zurückhalten von gefährdeten Personen oder Einsatzkräften verwendet. Mit dem am Haltegurt angebrachten Sicherungsseil können sich die Einsatzkräfte in bestimmten Einsatzsituationen an geeigneten Anschlagpunkten sichern.

Besteht für Einsatzkräfte bei Einsatztätigkeiten in höhergelegenen Gebäudeteilen eine unmittelbare Gefährdung für Leben und Gesundheit, können sie als Notmaßnahme mit einer Feuerwehrleine und einem Feuerwehr-Haltegurt auch eine Selbstrettung durchführen.

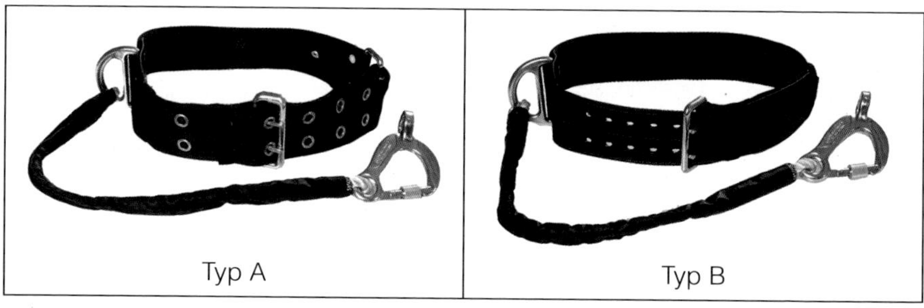

Abbildung 30: Feuerwehr-Haltegurte (Quelle: Sitex, Schlotheim)

Genormte Feuerwehr-Haltegurte werden in Abhängigkeit vom jeweiligem Gurtverschlusssystem in die Typen A und B und in Abhängigkeit vom Leibumfang in sechs Größen mit Gurtlängen zwischen 700 Millimeter und 1.400 Millimeter unterteilt. Sie bestehen aus einem Polyestergurtband (Typ A); mit Lederverstärkung im Bereich der Lochpaare (Typ B), an dem eine Zweidornschnalle angebracht ist. An der Halteöse ist ein Sicherungsseil aus Polyester angebracht, das durch eine Lederhülle geschützt ist. Am anderen Ende des Sicherungsseils ist der Karabinerhaken mit Multifunktionsöse befestigt.

4.3 Gerätesatz Absturzsicherung

Der Gerätesatz Absturzsicherung enthält die Ausrüstungsteile und Hilfsmittel, die als feuerwehrtechnische Ausrüstung auf Feuerwehrfahrzeugen mitgeführt werden können und die von den Feuerwehren zum Halten und Auffangen von Einsatzkräften in absturzgefährdeten Bereichen einer Einsatzstelle verwendet werden. Der vorgesehene Einsatzbereich für diesen Gerätesatz beschränkt sich auf Höhenunterschiede bis 30 Meter.

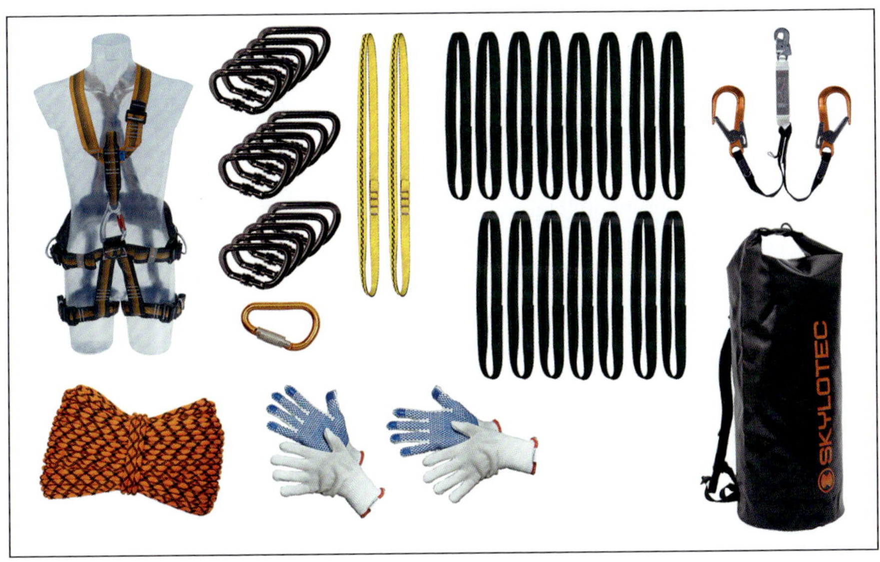

Abbildung 31: Bestandteile des Gerätesatzes Absturzsicherung (Quelle: SKYLOTEC GmbH, Neuwied)

Ein genormter Gerätesatz Absturzsicherung wird auf Rüstwagen RW als Standardbeladung und auf sonstigen Feuerwehrfahrzeugen auf Wunsch des Bestellers als Zusatzbeladung entsprechend den einsatztaktischen Erfordernissen der jeweiligen Feuerwehr mitgeführt.

Tabelle 2: Bestandteile des Gerätesatzes Absturzsicherung

Anzahl	Bezeichnung
1 Stück	Transportsack mit Rucksackbegurtung
1 Stück	Auffanggurt mit eingearbeitetem Sitz- und Haltegurt
1 Stück	Kernmantel-Dynamikseil, Seillänge 60 m
15 Stück	Bandschlinge, Länge 800 mm
2 Stück	Bandschlinge, Länge mindestens 1.500 mm
17 Stück	Karabinerhaken mit Verschlusssicherung
1 Stück	HMS-Karabinerhaken mit Dreiwege-Verschlusssicherung
2 Paar	Schutzhandschuhe, für sicheren Griff und gutes Tastempfinden
1 Stück	Verbindungsmittel zur Arbeitsplatzpositionierung
1 Stück[1)]	Rettungsschlaufe B (Rettungsdreieck mit Schulterriemen)
1 Stück[1)]	Sicherung im Nahbereich
[1)] nur auf Wunsch des Bestellers	

■ Kernmantel-Dynamikseil

Kernmantel-Dynamikseile werden als Einfachseil aus Polyamidfasern hergestellt und bestehen aus einem Seilkern (Tragefunktion) und einem den Kern umschließenden Seilmantel (Schutzfunktion). Der Seillänge der von den Feuerwehren verwendeten Kernmantel-Dynamikseile beträgt 60 Meter. Ein Kernmantel-Dynamikseil wird zur Aufbewahrung so in den Transportsack eingelegt, dass es im Einsatzfall ohne Verschlingungen und Verknotungen frei ablaufen kann. Das zuerst eingelegte Ende des Kernmantel-Dynamikseils wird mit einem Mastwurf am Transportsack befestigt und dann gleichmäßig in den Transportsack eingelegt. Das freie Seilende wird mit einem einfachen Achterknoten eingebunden und obenauf gelegt.

■ Bandschlingen

Bandschlingen werden als Anschlageinrichtungen oder als Zwischensicherungen verwendet. Sie sind als Flachmaterial aus besonders belastungsfähigen Polyamidfasern hergestellt.

Die Länge der Bandschlingen des Gerätesatzes Absturzsicherung beträgt 1.500 Millimeter (als Anschlageinrichtungen) und 800 Millimeter (als Zwischensicherungen).

■ Karabinerhaken mit Verschlusssicherung

Karabinerhaken mit Verschlusssicherung werden als Verbindungsmittel oder zusammen mit Bandschlingen als Zwischensicherungen verwendet. Diese Karabinerhaken bestehen meist aus Aluminium oder auch aus Stahl. Der selbstschließende Verschluss der Karabinerhaken ist durch eine Schraubhülse oder eine automatisch verschiebbare Hülse gesichert.

Abbildung 32: Karabinerhaken (links) und HMS-Karabinerhaken (rechts) (Quelle: Wolfgang Werft, Nürnberg)

■ HMS-Karabinerhaken mit Verschlusssicherung

HMS-Karabinerhaken mit Verschlusssicherung **müssen** bei der Anwendung einer Halbmastwurfsicherung verwendet werden. Sie bestehen meist aus Aluminium oder auch aus Stahl. Der selbstschließende Verschluss der HMS-Karabinerhaken ist durch eine verschieb- **und** verschraubbare Sicherungshülse gegen versehentliches Öffnen gesichert. Zum Öffnen dieses Karabinerhakens sind mindestens drei voneinander unabhängige Bewegungsabläufe notwendig, das heißt, Schieben und Drehen der Sicherungshülse und Einklappen des Schnappverschlusses.

■ Auffanggurt

Auffanggurte mit eingearbeitetem Sitz- und Haltegurt bestehen aus Gurtbändern, Beschlagteilen, Schnallen und anderen Einzelteilen, die so angeordnet sind, dass die Einsatzkraft am gesamten Körper unterstützt wird. Die bei einem Sturz und beim Auffangen auf den Körper der Einsatzkraft einwirkenden Kräfte werden so verteilt und Verletzungen vermieden. Front- und rückseitig befinden sich am Auffanggurt Auffangösen, an denen das Kernmantel-Dynamikseil mit einem Achterknoten angeschlagen wird. Üblicherweise wird zur Absturzsicherung die frontseitige Auffangöse verwendet, da sich dadurch nach einem Sturz eine günstige Hängeposition ergibt. Die rückseitige Auffangöse kann zum Beispiel bei Tätigkeiten mit einer Motorkettensäge verwendet werden, um den notwendigen Arbeitsbereich freizuhalten und das Kernmantel-Dynamikseil vor Beschädigungen zu schützen.

Hinweis: Der Gerätesatz Absturzsicherung darf nur von in seiner Anwendung unterwiesenen Einsatzkräften benutzt werden, die dabei auch die jeweils erforderliche Schutzausrüstung benutzen.

4.4 Gerätesatz Auf- und Abseilgerät

Der genormte Gerätesatz Auf- und Abseilgerät enthält die Ausrüstungsteile und Hilfsmittel, die von den Feuerwehren verwendet werden, um gefährdete Personen durch einfache Rettungsmaßnahmen, das heißt, ohne dass diese durch eine Einsatzkraft am Seil begleitet werden, aus Höhen oder Tiefen bis 30 Meter zu retten. Ferner können mit diesem Gerätesatz auch Lasten (zum Beispiel Einsatzgeräte) auf- beziehungsweise abgeseilt werden.

Der Inhalt des Gerätesatzes wird in einem Transportsack mit Rucksackbegurtung untergebracht. Der Gerätesatz darf nur von in seiner Anwendung unterwiesenen Einsatzkräften benutzt werden, die dabei auch die jeweils erforderliche Schutzausrüstung benutzen. Ein Gerätesatz Auf- und Abseilgerät wird auf Rüstwagen RW als Standardbeladung und auf sonstigen Feuerwehrfahrzeugen auf Wunsch des Bestellers als Zusatzbeladung mitgeführt.

Abbildung 33: Bestandteile des Gerätesatzes Auf- und Abseilgerät (Quelle: BORNACK GmbH & Co. KG, Ilsfeld)

Tabelle 3: Bestandteile des Gerätesatzes Auf- und Abseilgerät

Anzahl	Bezeichnung
1 Stück	Transportsack mit Rucksackbegurtung
1 Stück	Abseilgerät mit Rettungshubeinrichtung (Flaschenzug)
1 Stück	Auffanggurt mit eingearbeitetem Sitz- und Haltegurt
4 Stück	Karabinerhaken mit Verschlusssicherung
1 Stück	Bandschlinge, Länge 1.500 mm
1 Stück	Verbindungsmittel zur Seilklemme
1 Stück	Seilklemme (Seileinstellvorrichtung)
1 Stück	Rettungsschlaufe B (Rettungsdreieck mit Schulterriemen)

4.5 Sprungrettungsgeräte

Von den Feuerwehren werden zum Retten und Auffangen frei fallender Personen Sprungrettungsgeräte eingesetzt, wenn Drehleitern beziehungsweise Hubarbeitsbühnen oder tragbare Leitern nicht rechtzeitig verfügbar sind oder aufgrund besonderer Einsatzsituationen nicht eingesetzt werden können. Die Sprungrettungsgeräte werden unterteilt in Sprungtücher, die von einer Haltemannschaft gehalten und eingesetzt werden und Sprungpolster, die von einer Bedienungsmannschaft einsatzbereit gemacht werden und dann ohne Haltemannschaft eingesetzt werden.

Hinweis: Die Normen für Sprungtücher, die mit 16 Einsatzkräften gehalten und eingesetzt werden, und für luftkammerunterstützte Sprungtücher, die mit einer bestimmten Anzahl von Einsatzkräften gehalten und eingesetzt werden, sind zurückgezogen worden. Als Sprungrettungsgeräte werden nur noch genormte Sprungpolster verwendet.

■ Sprungpolster

Die genormten Sprungpolster sind pneumatische Sprungrettungsgeräte zum Auffangen springender oder frei fallender Personen, die bis zu einer Rettungshöhe von etwa 16 Meter eingesetzt werden können, von einer Bedienungsmannschaft in Stellung gebracht und einsatzbereit gemacht werden. Sie bestehen aus einem mit Druckluft befüllbaren Schlauchgerüst, das allseitig von luftdichten Planen umgeben ist. Eine waagerechte Plane teilt den Innenraum zusätzlich in eine obere und eine untere Luftkammer. Das Schlauchgerüst wird aus gummierten Gewebeschläuchen gebildet und besteht oben und unten aus quadratischen Rahmen, die in jeder Ecke durch senkrechte Schlauchsäulen verbunden sind. Am unteren Schlauchrahmen ist eine Druckluftflasche (6 Liter / 300 Bar) angeschlossen.

Nach dem Öffnen des Ventils der Druckluftflasche wird das Schlauchgerüst mit etwa 0,3 Bar gefüllt, rollt sich von der Flaschenseite her automatisch aus und richtet sich in maximal 30 Sekunden selbständig auf. Eingebaute Sicherheitsventile verhindern ein Überfüllen des Schlauchgerüstes.

Abbildung 34: Einsatzbereites Sprungpolster SP 16 (Quelle: gfd® GmbH – Gemeinschaft Feuerwehrfachhandel Deutschland, Ludwigsfelde)

Beim Auftreffen einer gesprungenen Person verformt sich das unter Druck stehende Schlauchgerüst und die Aufsprungfläche gibt nach. Das Volumen der durch die Planen gebildeten Innenkammern wird verkleinert und die so verdichtete Luft in den Kammern entweicht gebremst über die als Drosselquerschnitt ausgelegten seitlichen Öffnungen der Planen. Das Schlauchgerüst verformt sich unabhängig vom Auftreffpunkt der gesprungenen Person stets zur Mitte des Sprungpolsters hin. Dadurch wird ein Abrollen des Körpers nach außen weitgehend verhindert und ein Eintauchen der gesprungenen Person wie in einen Trichter bewirkt.

Nach dem Verlassen der geretteten Person und dem Entlasten des Sprungpolsters richtet sich das luftgefüllte elastische Schlauchgerüst selbständig wieder auf und das Sprungpolster ist in kürzester Zeit wieder einsatzbereit. Das Einspringen kann beliebig oft erfolgen, ohne dass Druckluft in das Schlauchgerüst nachgefüllt werden muss.

Hinweis: Gefährdungen springender Personen sind auch bei bestimmungsgemäßem Gebrauch eines Sprungpolsters nicht immer auszuschließen, da auf die Sprungart und Sprunghaltung der in höchster Not befindlichen Personen kein Einfluss genommen werden kann.

4.6 Selbstkontrolle und Testfragen

(Lösungen siehe Seite 84)

1. Wozu werden Feuerwehrleinen verwendet?

a) Zur Sicherung und zur Rettung von Personen.
b) Zur Absperrung von Verkehrswegen.
c) Zur Selbstrettung und zur Eigensicherung von Einsatzkräften.
d) Zum Hochziehen und Herablassen oder zur Sicherung von Geräten.

2. Welche Merkmale kennzeichnen einen Feuerwehr-Haltegurt?

a) Die Zweidornschnalle.
b) Das Sicherungsseil mit Redundanz-Karabinerhaken.
c) Das Sicherungsseil mit Karabinerhaken mit Multifunktionsöse.
d) Die angebrachte Beiltasche.

3. Welche Ausrüstungsteile gehören zu einem Gerätesatz Absturzsicherung?

a) Auffanggurt
b) Feuerwehrleine
c) Kernmantel-Dynamikseil
d) Bandschlingen
e) Karabinerhaken
f) Feuerwehr-Haltegurt

4. Welche Aussagen über Sprungpolster sind zutreffend?

a) Sprungpolster sind pneumatische Sprungrettungsgeräte.
b) Sprungpolster müssen von vier Einsatzkräften gehalten werden.
c) Sprungpolster werden von einer Bedienungsmannschaft in Stellung gebracht und einsatzbereit gemacht.
d) Sprungpolster werden zum Auffangen von springenden oder frei fallenden Personen verwendet.

5 Sanitätsgeräte

Um erkrankte, verletzte oder nicht gehfähige Personen im liegenden Zustand einfach und dennoch schonend aus einem Gefahrbereich in einen sicheren Bereich zu transportieren, werden auf den Einsatzfahrzeugen der Feuerwehr bestimmte Sanitätsgeräte mitgeführt. Zu der Gruppe der Sanitätsgeräte gehören Krankentragen, Tragetücher, Rettungsbretter, Korbtragen und gegebenenfalls auch Schaufeltragen.

5.1 Krankentragen

Krankentragen werden für den Transport von liegenden Personen durch zwei oder vier Einsatzkräfte verwendet. Sie werden in Krankentragen N mit starren Holmen und Krankentragen K mit klappbaren Holmen unterschieden.

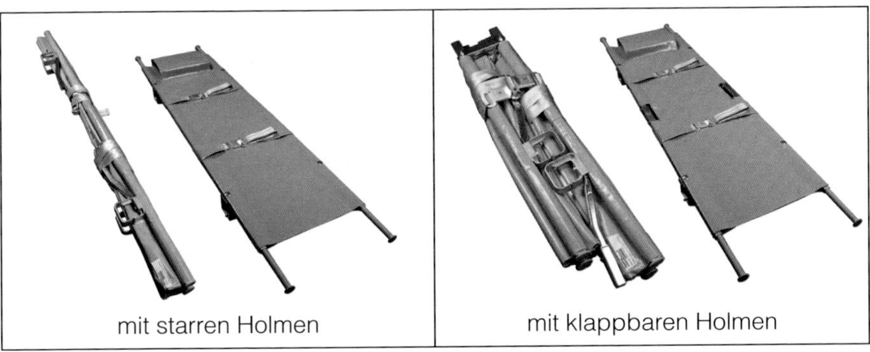

Abbildung 35: Krankentragen N und K (Quelle: ultraMEDIC GmbH, Neuwied)

Die Holme der Krankentragen sind aus Leichtmetallprofilen gefertigt und zur Platzeinsparung in Längsrichtung (Ausführung N und K) und zusätzlich in Querrichtung (nur Ausführung K) klappbar.

Der Tragenbezug und die Sicherheitsgurte bestehen aus beschichtetem Chemiefasergewebe. An den Holmen des Tragegestells befinden sich einschiebbare Tragegriffe mit geriffeltem Griffschutz aus Kunststoff, die gegen unabsichtliches Herausziehen gesichert sind. Verriegelbare Quergelenke dienen zur Fixierung der Trage in Gebrauchslage und Fußelemente zum Aufstellen und Verschieben der Krankentrage. Zur Sicherung der zu transportierenden Person sind im Brust- und Fußbereich der Krankentrage Sicherungsgurte mit Schnellverschlüssen angebracht. Zusammengeklappt lassen sich die Krankentragen platzsparend auf Einsatzfahrzeugen unterbringen.

5.2 Tragetuch

Ein Tragetuch, auch Rettungstuch genannt, ist eine flexible Trage. Sie besteht aus einem strapazierfähigen Chemiefasergewebe und an den Längs- und Querseiten insgesamt acht verstärkten Trageschlaufen, die mit einem Griffschutz versehen sind. Tragetücher werden zum behelfsmäßigen Tragen von verletzten, nicht gehfähigen, sitzenden oder liegenden Personen verwendet und insbesondere bei ungünstigen räumlichen Verhältnissen (Treppenräumen, ...) oder auch in schwierigem Gelände eingesetzt.

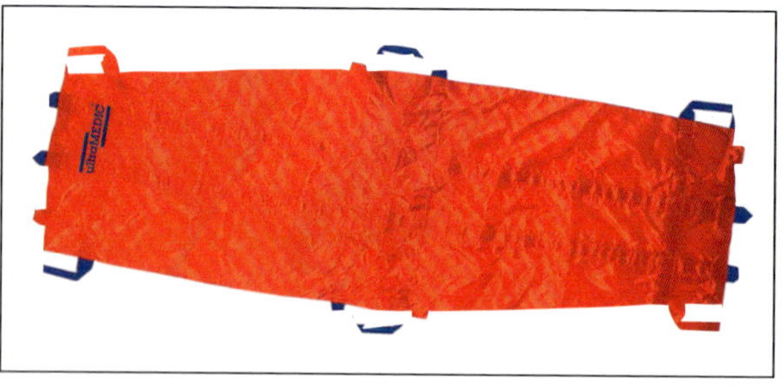

Abbildung 36:
Tragetuch
(Quelle: ultraMEDIC GmbH, Neuwied)

Hinweis: Tragetücher sind nicht zum Retten aus Höhen oder Tiefen geeignet. Verletzungen der Wirbelsäule oder andere schwerwiegende Verletzungen betroffener Personen schließen die Verwendung von Tragetüchern aus.

5.3 Rettungsbrett

Ein Rettungsbrett, umgangssprachlich auch Spineboard genannt, ist eine aus Polyethylen gefertigte flache Trage. Es dient zum Heben und Ruhigstellen von Personen mit Rückenverletzungen und zur Rettung von Personen aus engen Einsatzstellen, zum Beispiel aus Gruben, rohrförmigen Kanälen, verunfallten Fahrzeugen oder ähnlich.

Ein Rettungsbrett hat an jeder Längsseite mindestens drei und jeweils am Fuß- und Kopfende mindestens zwei Griffe, um einen sicheren Halt beim Anheben oder Absetzen und beim Tragen mit einem Rettungsbrett zu ermöglichen. Um eine betroffene Person bei der Anwendung ausreichend zu sichern, werden Rettungsbretter darüber hinaus durch mindestens drei Patientensicherungsgurte mit Schnellverschluss, einem Rückhaltesystem für den gesamten Körper sowie einer Vorrichtung zur Kopffixierung ergänzt.

Abbildung 37: Rettungsbrett mit Patientensicherungsgurten und Vorrichtung zur Kopffixierung
(Quelle: Dönges GmbH & Co.KG, Wermelskirchen)

5.4 Korbtragen

Korbtragen, umgangssprachlich auch Schleifkorbtragen oder Rettungsmulden genannt, werden insbesondere dazu verwendet, betroffene Personen auch unter schwierigen Verhältnissen, zum Beispiel in schwer zugänglichen steilen oder senkrechten Bereichen, engen und steilen Treppen, niedrigen Gängen oder von Gerüsten, schonend zu retten. Sie können für den waagerechten und senkrechten Transport betroffener Personen eingesetzt werden.

Durch die stabile Bauart und die im Boden eingeformten Gleitkufen können Korbtragen auch über den Boden gezogen („geschliffen“) oder in Verbindung mit einer zugehörigen Abseilspinne als Abseilkorb für die Rettung aus Höhen oder Tiefen benutzt werden (*siehe Abbildung 1*).

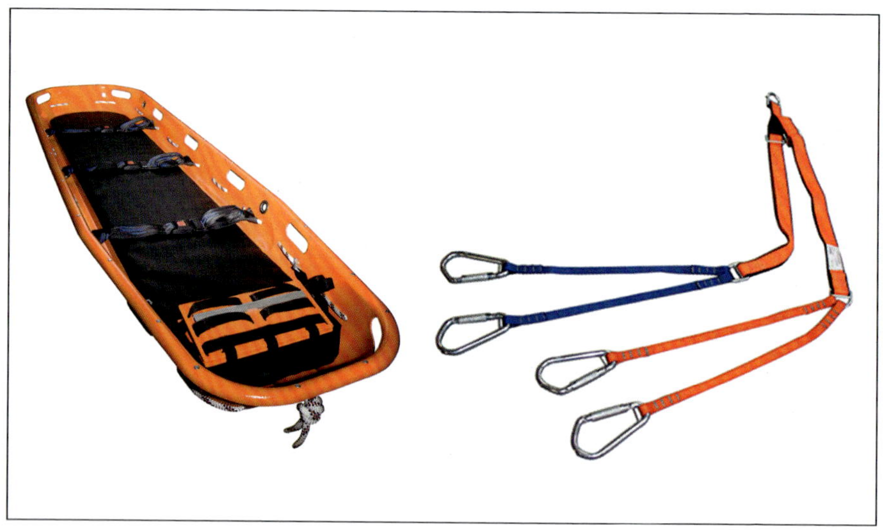

Abbildung 38: Korbtrage mit Abseilspinne (Quelle: ultraMEDIC GmbH, Neuwied)

Eine Korbtrage besteht aus einer widerstandsfähigen Kunststoffschale, die durch einen umlaufenden Aluminium-Rohrrahmen verstärkt ist. An den Längs- und Stirnseiten sind Grifföffnungen und metallverstärkte Einhängeösen zum Einhaken einer Abseilspinne eingearbeitet.

Die Innenseite der Korbtrage ist mit einer kälteisolierenden Schaumstoffmatte ausgelegt. Drei verstellbare Anschnallgurte mit Drucktastenschloss und eine verstellbare Fußstütze (je nach Größe der betroffenen Person einstellbar) dienen zur schnellen Stabilisierung der zu transportierenden Person innerhalb der Korbtrage. Anschnallgurte und Fußstütze sind in eine umlaufende Umfassungsschnur eingebunden.

5.5 Schaufeltragen

Schaufeltragen sind spezielle Tragen zum schonenden und sicheren Retten von Personen, insbesondere zum Anheben und Umlagern von liegenden Personen, die aufgrund einer Verletzung nicht übermäßig bewegt werden sollen, zum Beispiel Personen mit Verdacht auf Wirbelsäulen-, Brustkorb-, Becken- oder Beinverletzungen.

Eine Schaufeltrage besteht aus einem Rahmen aus Leichtmetall mit schaufelförmig anordneten und nach innen gewölbten Trageflächen und eingelassenen Griffen. Sie kann in der Länge in vier Stufen verstellt und so der jeweiligen Größe der betroffenen Person angepasst werden. Zusätzlich kann sie in der Längsrichtung in zwei Hälften geteilt, seitlich unter die betroffene Person geschoben und wieder verbunden werden. Aufgrund der schaufelförmigen Anordnung der Tragefläche wird die Person beim Anheben und Transportieren gestützt und ein seitliches Verrutschen verringert.

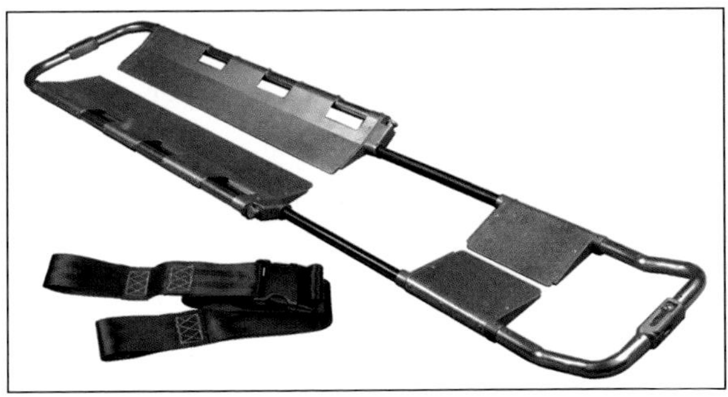

Abbildung 39: Schaufeltrage aus Leichtmetall mit Sicherheitsgurt (Quelle: FERNO Transportgeräte GmbH, Troisdorf)

5.6 Selbstkontrolle und Testfragen

(Lösungen siehe Seite 84)

1. Welche Merkmale kennzeichnen die Krankentragen?

a) Die starren beziehungsweise klappbaren Holme.
b) Der Tragenbezug aus beschichtetem Chemiefasergewebe.
c) Die einschiebbaren Tragengriffe.
d) Die verriegelbaren Quergelenke.
e) Die Sicherungsgurte mit Schnellverschlüssen.

2. Wozu werden Tragetücher verwendet?

a) Zum Retten von verletzten, nicht gehfähigen sitzenden oder liegenden Personen aus Höhen oder Tiefen.
b) Zum behelfsmäßigen Tragen von verletzten, nicht gehfähigen sitzenden oder liegenden Personen.
c) Zum Tragen von Personen bei ungünstigen räumlichen Verhältnissen (Treppenräumen, ...) oder auch in schwierigem Gelände.

3. Wozu werden Korbtragen verwendet?

a) Nur zur Rettung schwergewichtiger verletzter Personen.
b) Zur Rettung betroffener Personen auch unter schwierigen Verhältnissen, zum Beispiel in schwer zugänglichen Bereichen.
c) Zur schonenden Rettung über enge und steile Treppen, durch niedrige Gänge oder von Gerüsten.
d) Zum waagerechten oder senkrechten Transport von betroffenen Personen.
e) Zum außerordentlichen Transport von Schleifgeräten.
f) In Verbindung mit einer zugehörigen Abseilspinne als Abseilkorb für die Rettung aus Höhen oder Tiefen.

6 Knoten, Stiche und Brustbund

Im Rahmen von Einsatzmaßnahmen zum Halten, Auffangen und Retten von Personen oder zum Sichern und Selbstretten von Einsatzkräften müssen bei der Verwendung von Feuerwehrleinen und Kernmantel-Dynamikseilen bestimmte Knoten und Stiche angewendet werden. Diese werden zum Beispiel zur Herstellung von Befestigungs- und Anschlagknoten, von Sicherungsknoten oder von Einbindeknoten benötigt. Die Einsatzkräfte müssen auch unter situationsbedingtem Stress, extremen Witterungsbedingungen, schwierigen Lichtverhältnissen und unübersichtlichen Einsatzstellen die jeweiligen Knoten und Stiche sicher anwenden können.

6.1 Ausführungen

Die im Zusammenhang mit dem Halten, Auffangen, Retten und Selbstretten anzuwendenden Ausführungen werden nachfolgend erläutert:

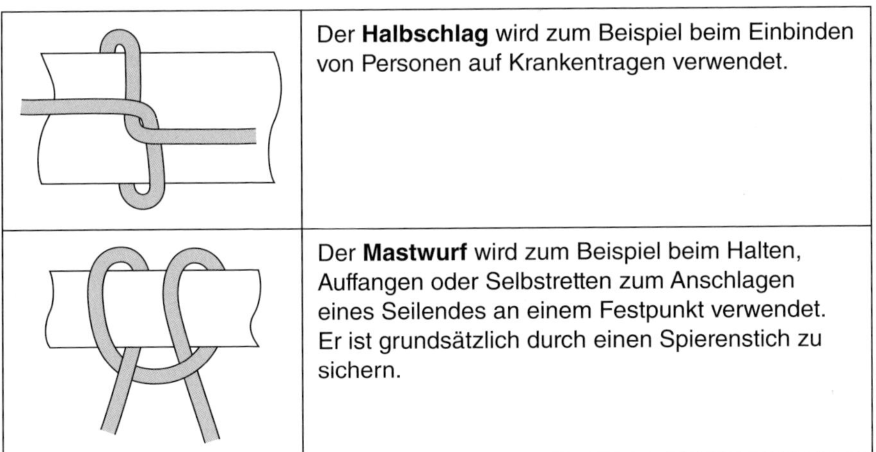

	Der **Halbschlag** wird zum Beispiel beim Einbinden von Personen auf Krankentragen verwendet.
	Der **Mastwurf** wird zum Beispiel beim Halten, Auffangen oder Selbstretten zum Anschlagen eines Seilendes an einem Festpunkt verwendet. Er ist grundsätzlich durch einen Spierenstich zu sichern.

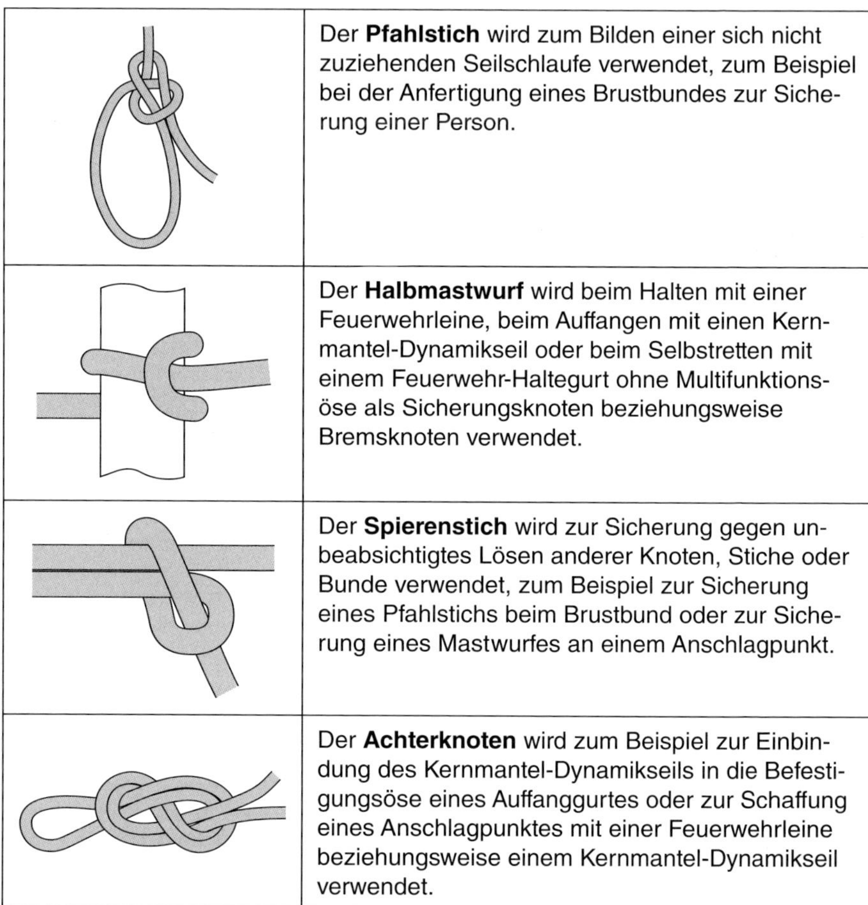

Der **Pfahlstich** wird zum Bilden einer sich nicht zuziehenden Seilschlaufe verwendet, zum Beispiel bei der Anfertigung eines Brustbundes zur Sicherung einer Person.

Der **Halbmastwurf** wird beim Halten mit einer Feuerwehrleine, beim Auffangen mit einen Kernmantel-Dynamikseil oder beim Selbstretten mit einem Feuerwehr-Haltegurt ohne Multifunktionsöse als Sicherungsknoten beziehungsweise Bremsknoten verwendet.

Der **Spierenstich** wird zur Sicherung gegen unbeabsichtigtes Lösen anderer Knoten, Stiche oder Bunde verwendet, zum Beispiel zur Sicherung eines Pfahlstichs beim Brustbund oder zur Sicherung eines Mastwurfes an einem Anschlagpunkt.

Der **Achterknoten** wird zum Beispiel zur Einbindung des Kernmantel-Dynamikseils in die Befestigungsöse eines Auffanggurtes oder zur Schaffung eines Anschlagpunktes mit einer Feuerwehrleine beziehungsweise einem Kernmantel-Dynamikseil verwendet.

6.2 Anfertigen

Knoten und Stiche können auf unterschiedliche Art gelegt, gestochen oder gebunden werden. Je nach Art der Anwendung kann es günstig sein sie direkt zu binden oder sie in der Hand zu fertigen und dann zu befestigen. Dazu ist ein ständiges Üben erforderlich.

■ Mastwurf legen

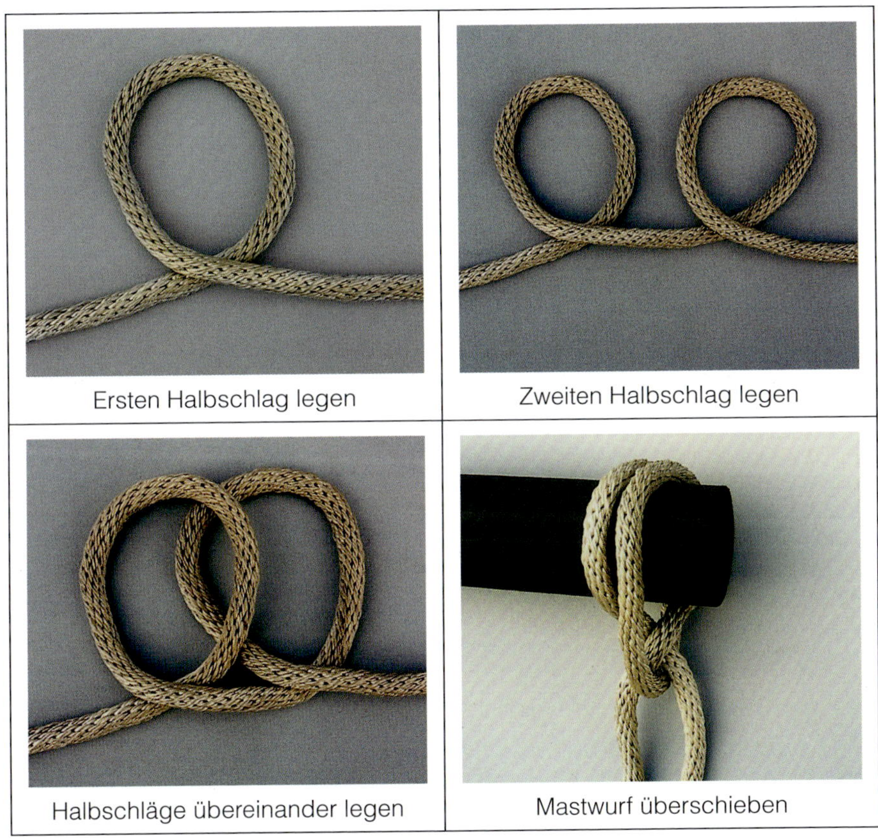

Ersten Halbschlag legen	Zweiten Halbschlag legen
Halbschläge übereinander legen	Mastwurf überschieben

Abbildung 40: Mastwurf legen (Quelle: Hans Kemper, Geseke)

Nach dem Legen des Mastwurfes wird dieser ausreichend festgezogen und zusätzlich durch einen Spierenstich gesichert.

■ Mastwurf binden

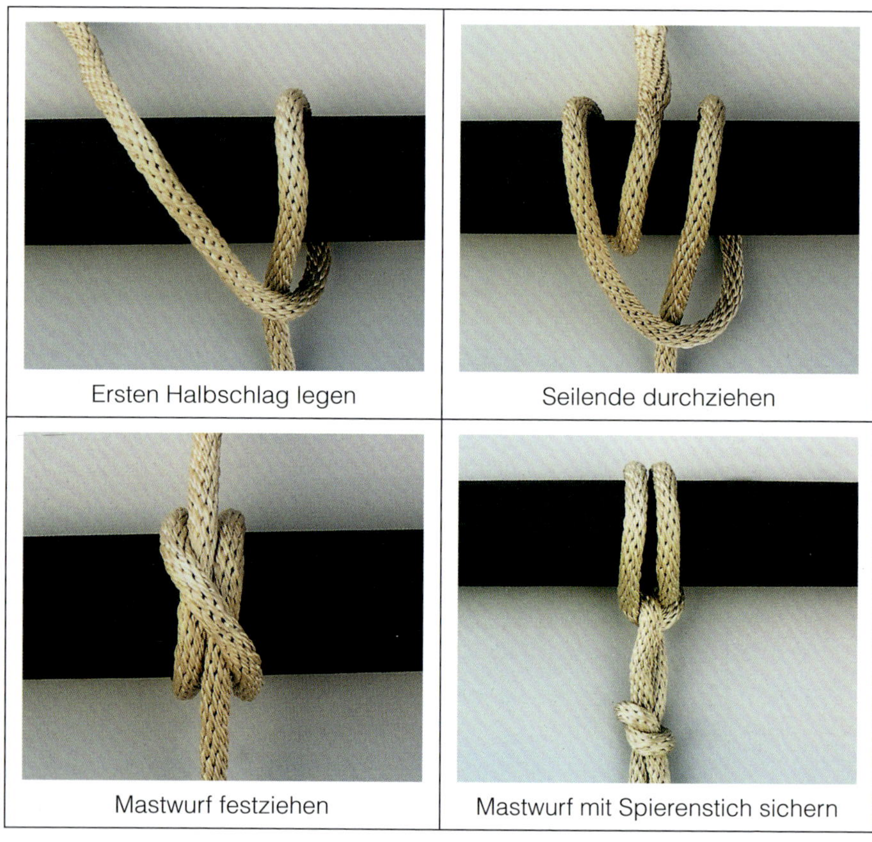

Abbildung 41: Mastwurf binden (Quelle: Hans Kemper, Geseke)

■ Achterknoten einbinden

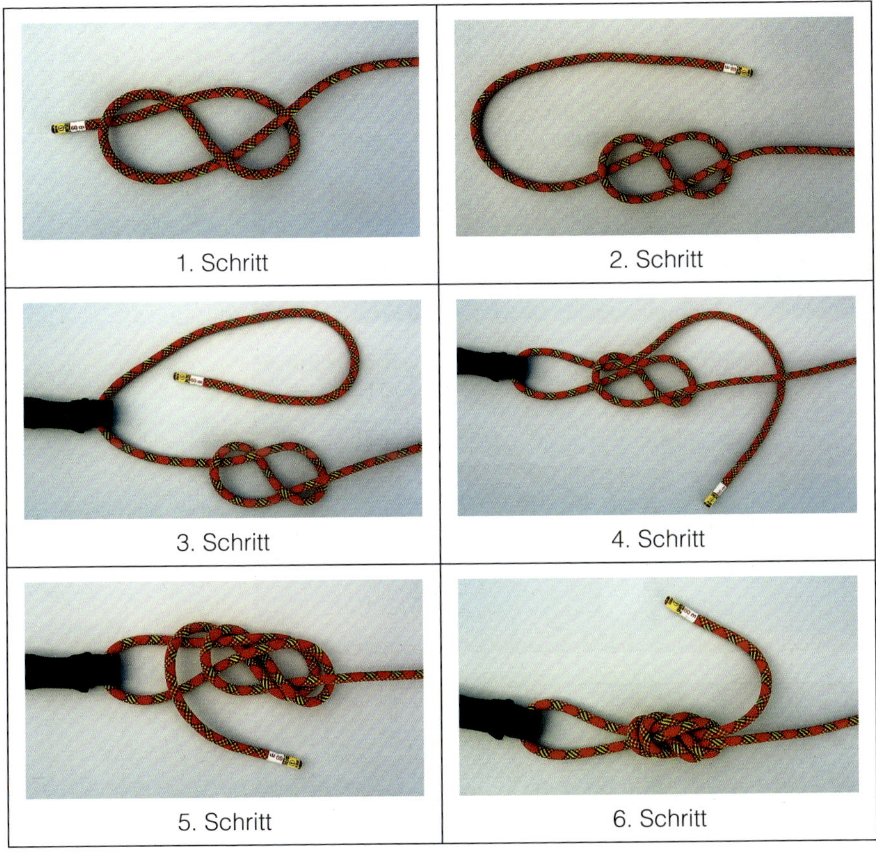

Abbildung 42: Achterknoten einbinden (Quelle: Hans Kemper, Geseke)

Nach dem Einbinden des Achterknotens wird dieser ausreichend festgezogen und zusätzlich durch einen Spierenstich gesichert.

■ Halbmastwurf an einem Feuerwehr-Haltegurt

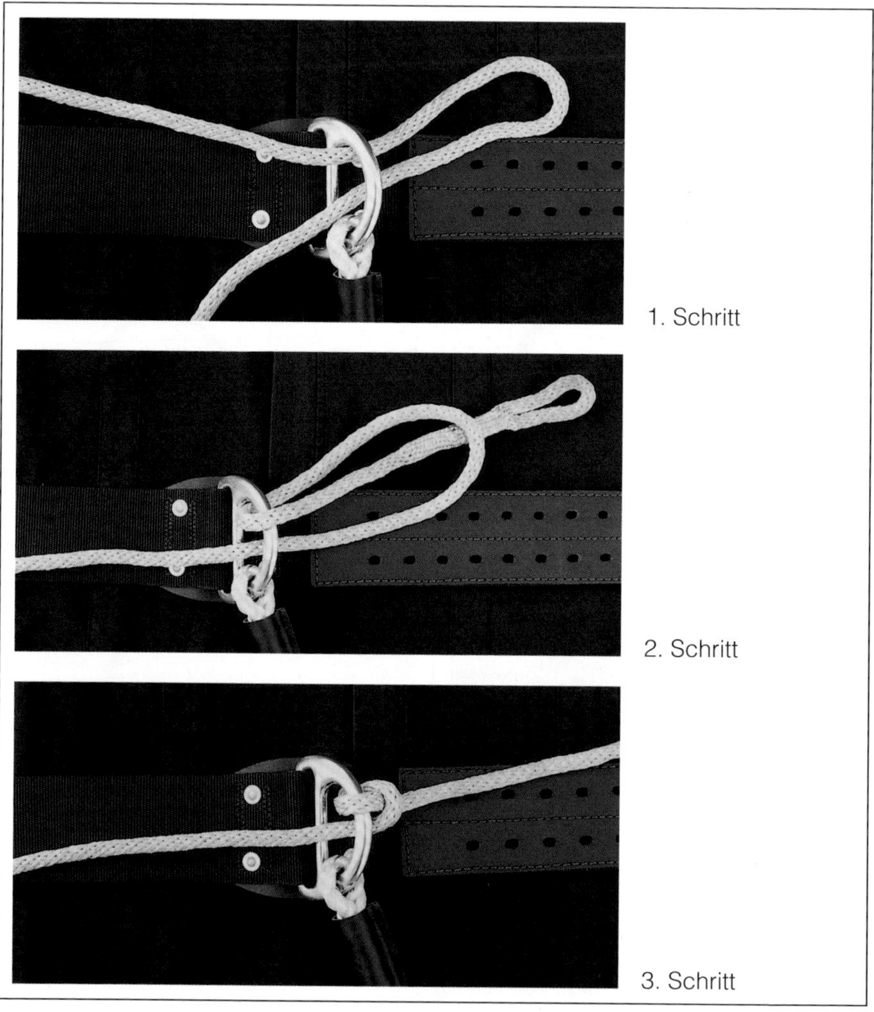

Abbildung 43: Halbmastwurf in die geschlossene Halteöse einbinden
(Quelle: Hans Kemper, Geseke)

■ Halbmastwurf in einen HMS-Karabinerhaken einlegen

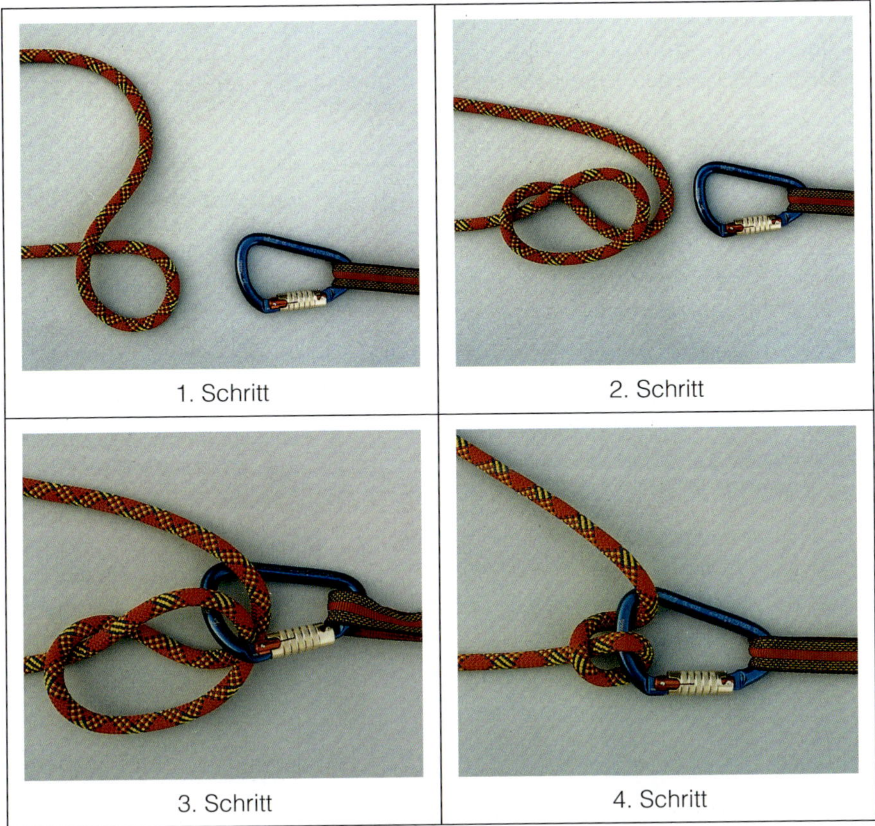

1. Schritt	2. Schritt
3. Schritt	4. Schritt

Abbildung 44: Halbmastwurf in einen HMS-Karabinerhaken einlegen
(Quelle: Hans Kemper, Geseke)

Hinweis: Zur Halbmastwurfsicherung darf nur ein HMS-Karabinerhaken mit Sicherung verwendet werden. Um dabei die Bremskraft des Kernmantel-Dynamikseiles optimal auszunutzen, sind die beiden Seilstränge möglichst parallel zu führen

■ Brustbund

Die Feuerwehrleine wird der zu haltenden Person um den Nacken gelegt und so nach vorn geführt, dass das freie Leinenende den Boden berührt. Beide Leinenenden werden unter den Armen zum Rücken geführt, dort gekreuzt und wieder nach vorn geführt.

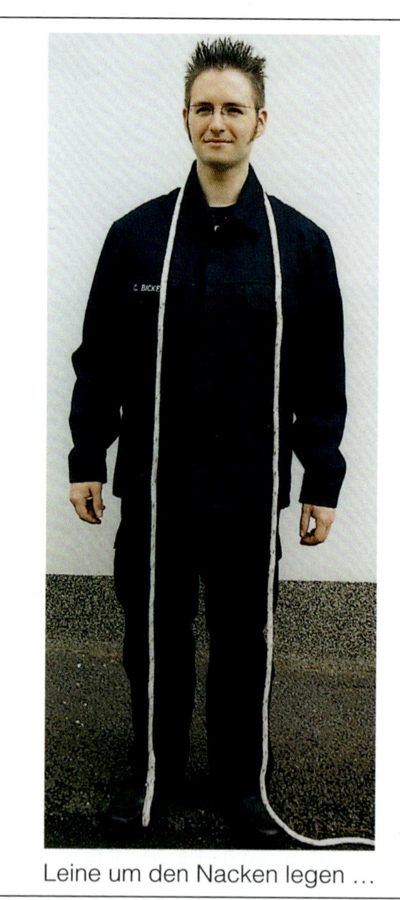

Leine um den Nacken legen …

und auf dem Rücken kreuzen

Abbildung 45: Vorbereiten des Brustbundes (Quelle: Hans Kemper, Geseke)

■ Pfahlstich

Der Brustbund wird zunächst durch einen Pfahlstich über der Brust straff sitzend geschlossen.

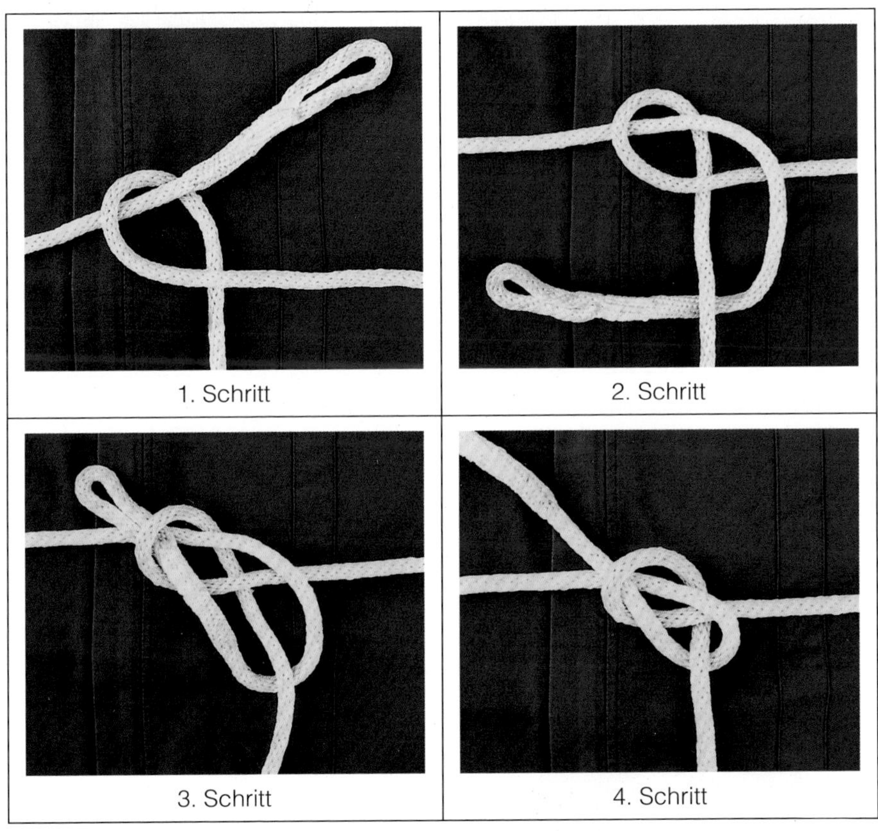

Abbildung 46: Pfahlstich (Quelle: Hans Kemper, Geseke)

■ Spierenstich

Der Pfahlstich wird danach durch einen Spierenstich gesichert.

Abbildung 47: Spierenstich (Quelle: Hans Kemper, Geseke)

Abbildung 48:
Gesamtansicht Brustbund
(Quelle: Hans Kemper, Geseke)

6.3 Selbstkontrolle und Testfragen

(Lösungen siehe Seite 84)

1. Wozu kann ein Mastwurf verwendet werden?

a) Zum Anbinden von Masten.
b) Zum Befestigen einer Leine an einem festen Punkt.
c) Zum Einbinden von Kernmantel-Dynamikseilen.
d) Zum Sichern anderer Knoten.

2. Wie wird ein Mastwurf angefertigt?

a) Gelegt oder gebunden.
b) Geworfen oder gebunden.
c) Gelegt oder gestochen.
d) Gekreuzt oder gebunden.

3. Welche Knoten und Stiche werden beim Halten einer gefährdeten Person angewendet?

a) Brustbund, Mastwurf, Spierenstich.
b) Brustbund, Pfahlstich, Spierenstich.
c) Brustbund, Pfahlstich, doppelter Ankerstich.
d) Brustbund, Pfahlstich, Zimmermannsstich.

4. Wodurch werden bestimmte Knoten gesichert?

a) Durch einen Sicherheitsstich.
b) Durch einen Ankerstich.
c) Durch einen Spierenstich.
d) Durch einen Zimmermannsstich.
e) Durch einen Knotenstich.

7 Sichern in absturzgefährdeten Bereichen

Beim Sichern in absturzgefährdeten Bereichen werden gefährdete Personen oder Einsatzkräfte durch Halten oder Auffangen geschützt. Dabei müssen die Personen oder Einsatzkräfte mit den Füßen immer Kontakt zu festem Boden, zu einem Dach, einer Leiter oder ähnlich haben. Weiterhin muss ein freies Hängen im Seil ohne Eintritt eines Sturzes ausgeschlossen werden. Die einzige Ausnahme besteht beim Selbstretten von Einsatzkräften.

7.1 Halten

Gemäß der Feuerwehr-Dienstvorschrift 1 (FwDV 1) „Grundtätigkeiten – Lösch- und Hilfeleistungseinsatz“ wird das Halten wie folgt beschrieben:

Halten ist das Sichern von gefährdeten Personen oder Einsatzkräften mit dem Ziel, einen Absturz auszuschließen.

Das Halten beschreibt Situationen, bei denen ein Kernmantel-Dynamikseil beziehungsweise eine Feuerwehrleine **oberhalb** der zu sichernden Person oder Einsatzkraft geführt wird. Das heißt, die so gehaltene und gesicherte Person oder Einsatzkraft wird beim Abrutschen von einer Standfläche, zum Beispiel von einer Leiter, einer schrägen Fläche oder einer Böschung sofort von oben gehalten, so dass sie nicht abstürzen oder weiterrutschen kann. Das Halten beinhaltet auch das Zurückhalten von Personen oder Einsatzkräften. Ein möglicher Absturz wird dadurch verhindert, dass deren Bewegungsraum durch ein straff geführtes Kernmantel-Dynamikseil beziehungsweise durch eine Feuerwehrleine so eingeschränkt wird, dass sie zwar in einem sicheren Bereich gehalten, jedoch eine Absturzkante, zum Beispiel die Außenkante eines Flachdaches, nicht erreichen können.

Zum Halten wird ein Gerätesatz Absturzsicherung verwendet. Steht dieser nicht zur Verfügung, können zum Halten auch Feuerwehrleinen und zusammen mit einem Feuerwehr-Haltegurt verwendet werden.

Bei der Anwendung der Ausrüstung ist darauf zu achten, dass das Kernmantel-Dynamikseil beziehungsweise die Feuerwehrleine immer straff auf Zug gehalten wird. Die haltende Einsatzkraft darf sich dabei nicht selbst in einem absturzgefährdeten Bereich befinden.

Hinweis: Zum Halten von Einsatzkräften kann auch eine Feuerwehrleine zusammen mit einem in einer Einsatzjacke integrierten Rettungssystem (IRS) verwendet werden. In der Einsatzjacke ist eine Rettungsschlinge eingearbeitet, die mit einem speziellen Dreiwegeverschluss-Karabiner mit einer Selbstsicherungsschlinge verbunden werden kann.

7.1.1 Halten mit einer Feuerwehrleine

Beim Halten mit einer Feuerwehrleine muss die Leine mit einem Halbmastwurf am Feuerwehr-Haltegurt der haltenden Einsatzkraft gesichert und der zu sichernden Person beziehungsweise Einsatzkraft ein Brustbund (*siehe Abbildung 48*) angelegt werden. Für den sicheren Stand der haltenden Einsatzkraft ist eine Selbstsicherung notwendig. Hierzu ist ein geeigneter Anschlagpunkt mit einer ausreichenden Belastbarkeit notwendig.

An diesem Anschlagpunkt wird die Feuerwehrleine mit einem Mastwurf angeschlagen und mit einem Spierenstich gesichert. In die Leine wird dann mit einem Achterknoten eine Schlaufe eingebunden. Die haltende Einsatzkraft führt das Sicherungsseil seines angelegten Feuerwehr-Haltegurtes durch die entstandene Schlaufe und klinkt dann den Karabinerhaken des Sicherungsseiles wieder in die Halteöse des Feuerwehr-Haltegurtes ein.

Die Feuerwehrleine wird vollständig dem Feuerwehrmehrzweckbeutel entnommen. Die haltende Einsatzkraft bindet dann die Feuerwehrleine im ausreichenden Abstand vom Seilende mit einem Halbmastwurf in die geschlossenen Halteöse seines angelegten Feuerwehr-Haltegurtes ein (*siehe Abbildung 49*). Danach wird mit dem verbleibenden Seilende der zu sichernden Person beziehungsweise Einsatzkraft ein Brustbund angelegt und die Sicherung durch Halten vervollständigt.

Abbildung 49: Selbstsicherung der haltenden Einsatzkraft und Sicherung einer Person beziehungsweise Einsatzkraft
(Quelle: Wolfgang Werft, Nürnberg)

7.1.2 Halten mit zwei Feuerwehrleinen

Zum Halten können auch zwei Feuerwehrleinen verwendet werden. Eine der Leinen wird mit einem Mastwurf am Anschlagpunkt angeschlagen und mit einem Spierenstich gesichert. In diese Leine wird dann mit einem Achterknoten eine Schlaufe eingebunden, an der sich die haltende Einsatzkraft mit ihrem Feuerwehr-Haltegurt selbst sichert. Mit der anderen Feuerwehrleine wird der zu sichernden Person beziehungsweise Einsatzkraft ein Brustbund angelegt. Sie wird zunächst nur soweit aus dem Feuerwehrmehrzweckbeutel herausgezogen, wie es zum Anfertigen des Brustbundes notwendig ist. Die Leine wird dann in eine größere Schlaufe gelegt und durch die geschlossene Halteöse des Feuerwehr-Haltegurtes geführt. Anschließend wird der Feuerwehrmehrzweckbeutel mit der restlichen Feuerwehrleine durch diese Schlaufe geführt, die Leine festgezogen und so der Halbmastwurf gebildet.

7.1.3 Sichern mit einem Feuerwehr-Haltegurt

Einsatzkräfte können sich mit einem Feuerwehr-Haltegurt selbst sichern, indem sie das Sicherungsseil des Feuerwehr-Haltegurts um einen geeigneten Anschlagpunkt schlingen und den Karabinerhaken des Sicherungsseils wieder in die geschlossene Halteöse des Feuerwehr-Haltegurtes einklinken. Ein Befestigen des Karabinerhakens unmittelbar am Anschlagpunkt ist nicht zulässig. Anschlagpunkte können zum Beispiel stabile Treppengeländer oder Holme einer gegen Umfallen gesicherten tragbaren Leiter sein. Der Anschlagpunkt muss sich dabei **oberhalb** des Feuerwehr-Haltegurtes befinden, um einen Absturz auszuschließen.

7.2 Auffangen

Gemäß der Feuerwehr-Dienstvorschrift 1 (FwDV 1) „Grundtätigkeiten – Lösch- und Hilfeleistungseinsatz" wird das Auffangen wie folgt beschrieben:

Auffangen ist das Sichern von gefährdeten Einsatzkräften mit dem Ziel, einen freien Fall auszuschließen.

Das Auffangen beschreibt Situationen, bei denen ein Kernmantel-Dynamikseil **unterhalb oder auf gleicher Höhe** der zu sichernden Einsatzkraft geführt wird oder das Seil nicht ständig straff geführt werden kann. Das heißt, die Einsatzkraft, die Tätigkeiten in einem absturzgefährdeten Bereich ausführen muss, wird bei einem senkrechten oder waagerechten Vorgehen so gesichert, dass es zwar zu einem Absturz kommen kann, die Einsatzkraft aber sofort aufgefangen und ein freier Fall in jedem Fall verhindert wird.

7.2.1 Sicherung mit einem Gerätesatz Absturzsicherung

Für die Sicherung von Einsatzkräften, die Tätigkeiten in absturzgefährdeten Bereichen ausführen, muss ein Gerätesatz Absturzsicherung verwendet werden. Die zu sichernde Einsatzkraft muss beim Vorgehen mit dem Auffanggurt ausgerüstet sein. Am Auffanggurt wird als Sicherungsseil das Kernmantel-Dynamikseil angebracht.

Die haltende Einsatzkraft muss einen festen Standplatz außerhalb des absturzgefährdeten Bereiches einnehmen und die zu sichernde Einsatzkraft jederzeit im Blickfeld haben.

■ Anschlagpunkt mit einer Bandschlinge

Eine Bandschlinge wird an einem geeigneten Anschlagpunkt angebracht. Geeignet sind zum Beispiel stabile Geländer, Dachbalken oder Stützen in Gebäuden oder auch Festpunkte an Einsatzfahrzeugen. Der HMS-Karabinerhaken wird in die Bandschlinge eingeklinkt und anschließend mit dem als Sicherungsseil vorgesehenen Kernmantel-Dynamikseil ein Halbmastwurf in den HMS-Karabinerhaken eingelegt.

Abbildung 50: Anschlagpunkt mit Bandschlinge (Quelle: Hans Kemper, Geseke)

■ Anschlagpunkt mit einem Kernmantel-Dynamikseil

Ein Kernmantel-Dynamikseil wird an einem geeigneten Anschlagpunkt mit einem Mastwurf angebracht und mit einem Spierenstich gesichert. Das Seil ist gegebenenfalls mit einem Kantenschutz zu schützen. In dieses Kernmantel-Dynamikseil wird mit einem Achterknoten eine Schlaufe eingebunden. Der HMS-Karabinerhaken wird in diese Schlaufe eingeklinkt und anschließend mit dem als Sicherungsseil vorgesehenen Kernmantel-Dynamikseil ein Halbmastwurf in den HMS-Karabinerhaken eingelegt.

Abbildung 51: Anschlagpunkt mit Kernmantel-Dynamikseil
(Quelle: Hans Kemper, Geseke)

■ Anlegen des Auffanggurtes

Der zu sichernden Einsatzkraft wird zunächst ein Auffanggurt angelegt. Alle Haltegurte im Schulter-, Rücken-, Hüft- und Beinbereich sind ohne Verdrehung anzulegen, alle Verschlüsse dabei straff zu ziehen und die Gurtenden mit den dazugehörigen Sicherungsschnallen zu sichern. Das als Sicherungsseil vorgesehene Kernmantel-Dynamikseil wird mit einem Achterknoten (*siehe Abbildung 42*) in die dafür vorgesehene Auffangöse des Gurtes eingebunden und mit einem Spierenstich gesichert. Das andere Ende dieses Kernmantel-Dynamikseils wird mit einem Halbmastwurf in den HMS-Karabinerhaken eingelegt.

■ Zusammenfügen der Bestandteile – Sicherheitskette

Um die vorgesehene Funktion des Gerätesatzes Absturzsicherung zu gewährleisten, müssen die einzelnen Bestandteile des Gerätesatzes in einer festgelegten Reihenfolge zwischen dem Anschlagpunkt und der zu sichernden Einsatzkraft zusammengefügt werden und so eine Sicherheitskette bilden. Dabei ist zunächst ein geeigneter Anschlagpunkt auszuwählen und abzuschätzen, ob dieser den zu erwartenden Belastungen im Falle eines Absturzes standhält. An den ausgewählten Anschlagpunkt wird eine Bandschlinge oder ein Kernmantel-Dynamikseil in geeigneter Weise befestigt.

In die Bandschlinge beziehungsweise in das Kernmantel-Dynamikseil wird ein HMS-Karabinerhaken eingeklinkt. Das als Sicherheitsseil vorgesehene Kernmantel-Dynamikseil wird in den Auffanggurt eingebunden und das andere Ende mit einem Halbmastwurf in den HMS-Karabinerhaken eingelegt. Bei Bedarf kann die so aufgebaute Sicherheitskette durch Bandschlingen als Zwischensicherungen ergänzt werden.

Abbildung 52: Zusammenfügen der Bestandteile – Sicherheitskette (Quelle: Wolfgang Werft, Nürnberg)

7.2.2 Zwischensicherungen im absturzgefährdeten Bereich

Die zu sichernde Einsatzkraft muss beim Vorgehen im absturzgefährdeten Bereich gegebenenfalls in regelmäßigen Abständen Zwischensicherungen für das Kernmantel-Dynamikseil anbringen. Dadurch soll einerseits die Absturzstrecke so gering wie möglich gehalten werden und andererseits der Absturzstrecke eine bestimmte kontrollierte Richtung gegeben werden. Weiterhin soll ein unkontrollierter Absturz möglichst vermieden werden. Als Zwischensicherungen werden Bandschlingen und Karabinerhaken mit Verschlusssicherung verwendet.

Abbildung 53: Zwischensicherung mit Bandschlinge und Karabinerhaken (Quelle: Wolfgang Werft, Nürnberg)

Die Bandschlingen werden um geeignete Anschlagpunkte gelegt und mit einem Karabinerhaken verbunden. Beim Anbringen der Bandschlingen müssen diese durch mehrmaliges Umschlingen des Anschlagpunktes in ihrer Länge so gekürzt und gegen Verrutschen gesichert werden, dass keine Sturzstreckenverlängerung auftreten kann. In die Karabinerhaken wird im Verlauf des Vorgehens das Kernmantel-Dynamikseil eingelegt und die Karabinerhaken gesichert. Beim Setzen der Zwischensicherungen sind bestimmte Abstände einzuhalten, die nicht unterschritten werden sollten.

Tabelle 4: Abstände von Zwischensicherungen

Vorgehen im absturzgefährdeten Bereich	Abstände in Meter
weitgehend senkrecht	2 – 3 – 4 – 5 – 7 – 9 – 11 – 13 – ...
weitgehend waagerecht	2 – 3 – 4 – 6 – 8 – 11 – 14 – 17 – ...

Auf diese Weise geht die gesicherte Einsatzkraft im absturzgefährdeten Bereich in Richtung Einsatzziel vor, während sie gleichzeitig über den Auffanggurt und das straff geführte Kernmantel-Dynamikseil abgesichert wird.

7.3 Zusammenfassung der Sicherheitshinweise

Beim Sichern durch Halten und Auffangen in absturzgefährdeten Bereichen müssen gemäß Feuerwehr-Dienstvorschrift 1 (FwDV 1) folgende Sicherheitshinweise beachtet werden:

- Feuerwehrleine beziehungsweise Kernmantel-Dynamikseil immer straff führen.
- Feuerwehrleine beziehungsweise Kernmantel-Dynamikseil vor scharfen Kanten schützen.
- Karabinerhaken immer gegen unbeabsichtigtes Öffnen sichern.
- Klinkenbelastung der Karabinerhaken vermeiden.
- Feuerwehr-Haltegurt nur zum Halten und Rückhalten oder zum Selbstretten verwenden.
- Karabinerhaken des Feuerwehr-Haltegurtes nicht für die Sicherung mit Halbmastwurf verwenden.
- Schutzausrüstung zur Absturzsicherung bestimmungsgemäß verwenden.
- Schutzausrüstung zur Absturzsicherung nur durch ausgebildete und unterwiesene Einsatzkräfte verwenden.
- Auf der Bremsseite der Sicherung mit Halbmastwurf eine zweite Einsatzkraft zur Sicherung einsetzen.
- Vor Einsätzen und Übungen eine Überprüfung der Anschlagpunkte, Verschlüsse der Karabinerhaken, Knoten und Sicherung mit Halbmastwurf nach dem Vier-Augen-Prinzip (Partnercheck) durchführen.

7.4 Selbstkontrolle und Testfragen

(Lösungen siehe Seite 84)

1. Welche Ausrüstungen können zum Halten verwendet werden?

a) Der Gerätesatz Haltesicherung.
b) Der Gerätesatz Absturzsicherung.
c) Der Feuerwehr-Haltegurt zusammen mit einer Feuerwehrleine.
d) Nur der Feuerwehr-Haltegurt zusammen mit einer Feuerwehrleine.

2. An welcher Stelle eines Feuerwehr-Haltegurtes wird der Halbmastwurf der Sicherungsleine angeschlagen?

a) Am Sicherungsseil des Feuerwehr-Haltegurtes.
b) An der Halteöse des Feuerwehr-Haltegurtes.
c) Am Karabinerhaken des Feuerwehr-Haltegurtes.
d) Am Anschlagpunkt des Feuerwehr-Haltegurtes.

3. Welche Situation beschreibt der Begriff „Auffangen"?

a) Ein Sicherungsseil wird unterhalb des zu Haltenden geführt.
b) Das Sicherheitsseil kann nicht ständig straff geführt werden.
c) Der zu Sichernde befindet sich in einem absturzgefährdeten Bereich.
d) Ein freier Fall des zu Sichernden wird in jedem Fall verhindert.

4. Durch welche Maßnahmen werden Einsatzkräfte bei Tätigkeiten in absturzgefährdeten Bereichen gesichert?

a) Durch Anlegen eines Auffanggurtes.
b) Durch Anlegen eines Feuerwehr-Haltegurtes.
c) Durch einen nicht ständig straff geführten Festpunkt.
d) Durch ein Kernmantel-Dynamikseil als Sicherungsseil.
e) Durch Zwischensicherungen mit Bandschlinge und Karabinerhaken.

8 Retten

Im Bereich der Feuerwehr wird das Retten als Abwenden einer Gefahr von Menschen oder Tieren durch lebensrettende Sofortmaßnahmen, die sich auf Erhaltung oder Wiederherstellung von Atmung, Kreislauf und Herztätigkeit richten und/oder als Befreiung aus einer lebens- oder gesundheitsgefährdenden Zwangslage beschrieben. Die von den Feuerwehren dafür verwendeten Rettungsgeräte sind dazu geeignet, betroffene Personen oder Tiere aus einem Gefahrenbereich herauszuführen oder durch technische Rettungsmaßnahmen aus einer lebensbedrohlichen Zwangslage zu befreien.

8.1 Retten mit einem Gerätesatz Absturzsicherung

Das Retten von betroffenen Personen aus Höhen oder Tiefen mit einem Gerätesatz Absturzsicherung beschränkt sich auf die erste Sicherung betroffener Personen, auf das gesicherte Zurückführen betroffener Personen aus einem absturzgefährdeten Bereich, sofern die Personen dazu in der Lage sind, oder auf das Ablassen einer Einsatzkraft, die bei einer Tätigkeit in einem absturzgefährdeten Bereich in das Sicherungsseil gestürzt ist.

Hinweis: Alle darüber hinausgehenden Rettungsmaßnahmen werden von speziell für die Rettung aus Höhen und Tiefen ausgebildeten Einheiten der Feuerwehr (Höhenrettungsgruppe, ...) durchgeführt.

8.2 Retten mit einer Feuerwehrleine

Das Retten kann dadurch unterstützt werden, dass in bestimmten Einsatzsituationen der zu rettenden Person eine Feuerwehrleine als Sicherungsleine angelegt wird. Die Feuerwehrleine wird der Person mit einem Brustbund angelegt (*siehe Abbildung 48*). Diese Maßnahme wird jedoch ausschließlich für Einsatzsituationen angewendet, in denen keine Gefahr eines Absturzes besteht.

8.3 Retten über Leitern

Müssen betroffene Personen über Drehleitern oder tragbare Leitern aus Höhen oder Tiefen gerettet oder in Sicherheit gebracht werden, sind sie beim Ab- oder Aufsteigen, soweit es die Einsatzlage erfordert und zulässt, beim Begehen der Leiter durch eine Feuerwehrleine und gegebenenfalls durch eine voransteigende Einsatzkraft zu sichern.

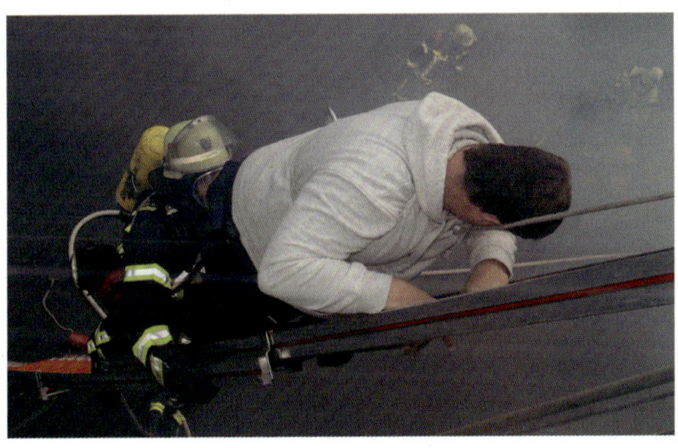

Abbildung 54: Sichern der zu rettenden Person mit einer Feuerwehrleine und durch eine Einsatzkraft (Quelle: Andreas Labonte, Feuerwehrforum Wiesbaden112.de)

8.4 Retten mit einer Krankentrage

Müssen betroffene Personen liegend aus Höhen oder Tiefen gerettet werden und steht dafür keine Korbtrage zur Verfügung, wird zum Retten eine Krankentrage verwendet und die Personen dabei mit einer Feuerwehrleine auf der Krankentrage gesichert.

■ Sichern der zu rettenden Person auf der Krankentrage

Die Krankentrage wird vollständig aufgeklappt und die zu rettende Person auf der Trage gelagert. Sie kann dabei gegebenenfalls in eine Decke eingehüllt werden. Eine Feuerwehrleine wird mit einem Mastwurf kopfseitig am rechten Griff der Krankentrage angeschlagen.

Dann werden in Brusthöhe, in Hüfthöhe und im Kniebereich Halbschläge um die Krankentrage und den Körper der darauf liegenden Person gelegt. Die Arme der Person sind mit einzubinden und die Halbschläge müssen seitlich am oder unter dem Holm der Trage liegen.

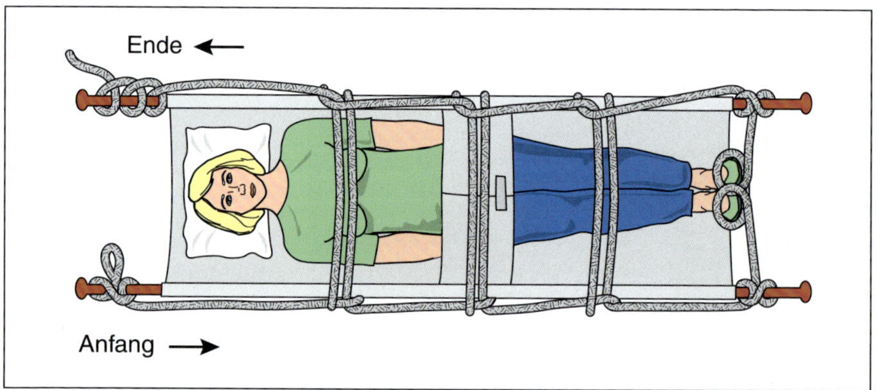

Abbildung 55: Sichern der zu rettenden Person auf einer Krankentrage

Anschließend wird die Feuerwehrleine mit einem Mastwurf fußseitig am nächsten Griff angeschlagen und dann dreimal in Form einer Acht so um die Füße der zu sichernden Person gelegt, dass das abgehende Leinenende unter den Fußsohlen verläuft. Danach wird ein Mastwurf fußseitig am nächsten Griff angeschlagen. Von da aus werden im Kniebereich, in Hüfthöhe und in Brusthöhe weitere Halbschläge gelegt. Das Ende der Feuerwehrleine wird mit einem Mastwurf am kopfseitigen linken Griff angeschlagen und dann mit einem Halbschlag gesichert. Das verbleibende Leinenende wird gegebenenfalls in die Kopfkissentasche eingeschoben.

Hinweis: Beim Anlegen der Mastwürfe und Halbschläge ist jeweils nur so viel von der Feuerwehrleine aus dem Feuerwehrmehrzweckbeutel herauszuziehen, wie für das Knoten erforderlich ist. Anderenfalls droht „Leinensalat“!

■ Anschlagen der Feuerwehrleinen zum Ab- und Aufseilen

Eine Feuerwehrleine wird mit dem Leinenende durch die beiden kopf- beziehungsweise fußseitigen Fußelemente unter der Krankentrage hindurchgeführt, wobei mit dem kurzen Leinenende an einem Fußelement ein Mastwurf gebunden wird, damit sich die Krankentrage beim Ab- und Aufseilen nicht verdrehen kann. Danach werden die beiden Leinenenden jeweils mit mehreren Halbschlägen oder einem Mastwurf an den beiden kopf- beziehungsweise fußseitigen Griffen befestigt.

Verbinden der beiden Leinenenden

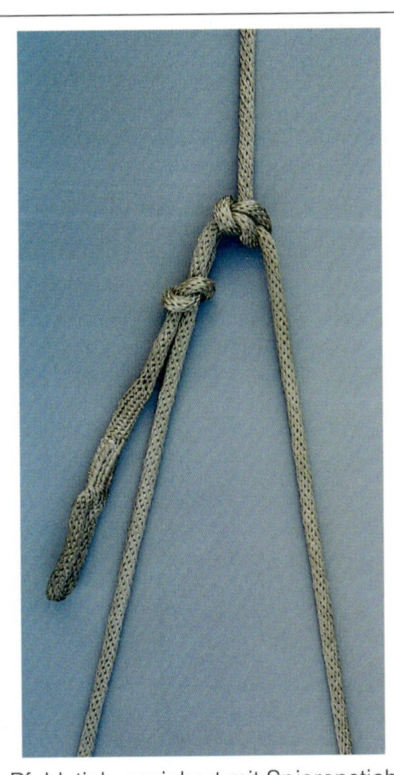

Pfahlstich gesichert mit Spierenstich

Abbildung 56: Anschlagen der Feuerwehrleine (Quelle: Hans Kemper, Geseke)

Das kürzere Leinenende wird dann nach oben bis zur Mitte geführt und dort mit dem längeren Leinenende mittels Pfahlstich zu einem Dreieck verbunden und zusätzlich mit einem Spierenstich gesichert. Auf diese Weise wird je eine Feuerwehrleine am Kopf- und am Fußende der Krankentrage befestigt.

Die Krankentrage ist beim Ab- und Aufseilen grundsätzlich waagerecht beziehungsweise mit der Kopfseite etwas höher als die Fußseite auszurichten. Zur Führung der Krankentrage ist an einem der Griffe eine Feuerwehrleine anzubringen, mit der vom Boden aus ein Anstoßen oder Hängenbleiben an Wände oder Hindernisse vermieden werden kann.

Hinweis: Bei Übungen zum Retten mit Krankentragen aus Höhen oder Tiefen dürfen nur Übungspuppen auf der Krankentrage liegen!

■ Transportieren mit einer Krankentrage

Die Krankentrage wird vollständig aufgeklappt. Dabei müssen die Sicherungsstifte an den Quergelenken vollständig einrasten. Die Krankentrage darf nur dann verwendet werden, wenn der Tragenbezug straff gespannt ist. Die zu transportierende Person wird unter Anwendung der Regeln der Ersten Hilfe auf die Trage gehoben und gelagert.

Abbildung 57: Transportieren mit der Krankentrage im Rahmen einer Einsatzübung (Quelle: Andreas Labonte, Feuerwehrforum Wiesbaden112.de)

Die Person kann gegebenenfalls in eine Decke eingehüllt werden. Vor dem Transportieren sind die Verschlüsse der Sicherungsgurte zu schließen und die Tragegriffe aus den Holmen zu ziehen. Die Krankentrage wird von zwei oder vier Einsatzkräften getragen, beim Überwinden von Hindernissen oder in schwierigem Gelände auch von mehr als vier Einsatzkräften. Der am Kopfende der Krankentrage stehende Truppführer gibt Anweisungen zum gleichmäßigen Anheben, Tragen und Absetzen der Krankentrage. Der vorausgehende Truppmann warnt vor Hindernissen. Getragen wird die Krankentrage üblicherweise in Blickrichtung der transportierten Person. Bei einem Transport über Treppen ist die Krankentrage so zu führen, dass der Kopf der zu Person immer oben ist.

8.5 Retten mit einem Tragetuch

Zum Anheben oder Transportieren von zu rettenden Personen mit einem Tragetuch sind mindestens drei Einsatzkräfte erforderlich, beim Überwinden von Hindernissen oder in schwierigem Gelände auch von mehr als drei Einsatzkräften. In besonderen zeitkritischen Situationen kann ein Tragetuch in engen Räumen und auf ebenen Flächen gegebenenfalls auch zum Schleifen einer daraufliegenden Person verwendet werden.

Abbildung 58: Retten mit einem Tragetuch im Rahmen einer Einsatzübung (Quelle: Michael Walsdorf, Feuerwehrforum Wiesbaden112.de)

8.6 Retten mit einer Korbtrage

Bei der Rettung einer waagerecht liegenden Person ist diese immer mit den Anschnallgurten und der Fußstütze innerhalb der Korbtrage zu sichern. Wird die Korbtrage aufgrund besonderer örtlicher Verhältnisse weitgehend senkrecht eingesetzt, sind zusätzliche Sicherungsmaßnahmen erforderlich. Die in der Korbtrage gesicherte Person kann in ebenem Gelände und über kurze Strecken gegebenenfalls von nur zwei Einsatzkräften getragen werden. Bei weiten Strecken, Hindernissen oder in schwierigem Gelände sind bis zu sechs oder mehr Einsatzkräfte erforderlich. Schräge oder geneigte Flächen, steile Abhänge oder der Handlauf einer Drehleiter können gegebenenfalls als Rutsche benutzt werden, um die Korbtrage zu stützen oder zu führen, wenn diese abgelassen oder hochgezogen wird.

Beim Retten aus Höhen und Tiefen, zum Beispiel mit einem Gerätesatz Auf- und Abseilgerät, wird die zur Korbtrage gehörende Abseilspinne in die seitlichen Einhängeösen der Korbtrage eingehängt und gesichert. Da der Schwerpunkt der zu rettenden Person nicht immer in der Mitte der Korbtrage liegt, ist die Abseilspinne entsprechend auszurichten, damit der Kopf der Person leicht erhöht liegt.

Abbildung 59: Retten mit einer Korbtrage im Rahmen einer Einsatzübung (Quelle: Sebastian Stenzel, Feuerwehrforum Wiesbaden112.de)

Zur Führung der Korbtrage ist an einem der Griffe eine Feuerwehrleine anzubringen, mit der vom Boden aus ein Anstoßen oder Hängenbleiben der Korbtrage an Wänden oder Hindernissen vermieden werden kann.

Hinweis: Bei Übungen zum Retten mit Korbtragen aus Höhen oder Tiefen dürfen nur Übungspuppen in der Korbtrage liegen!

8.7 Retten mit einem Sprungpolster

Sprungpolster werden eingesetzt, wenn für unmittelbar gefährdete Personen die baulichen Rettungswege nicht mehr nutzbar sind, eine Rettung über Drehleitern, Hubarbeitsbühnen oder tragbare Leitern nicht möglich ist und eine zeitkritische Situation den Einsatz eines Sprungpolsters erfordert. Das Sprungposter wird durch Öffnen der Druckluftflasche aufgefüllt und aufgerichtet. Der Aufbauort muss sich zunächst außerhalb des Sichtbereiches der zu rettenden Personen befinden, damit diese nicht zu früh und nicht in ein unvollständig aufgeblasenes Sprungpolster springen.

Das vollständig aufgeblasene Sprungpolster wird dann von mindestens zwei Einsatzkräften an den Trageschlaufen angehoben und zur wahrscheinlichen Absprungstelle getragen.

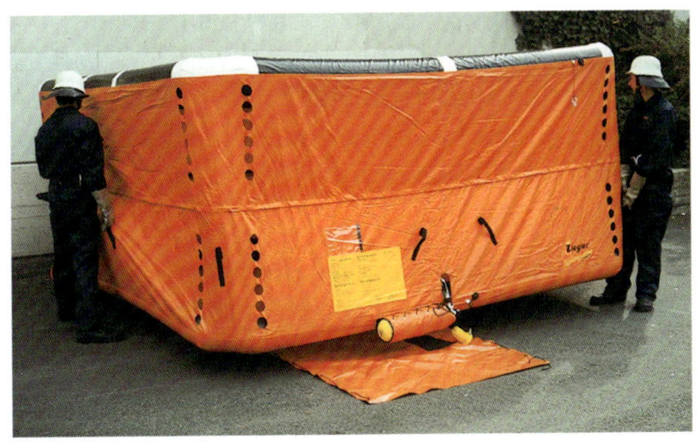

Abbildung 60: Zwei Einsatzkräfte können ein einsatzbereites Sprungpolster in Stellung bringen (Quelle: Hans Kemper, Geseke)

Dort wird es so aufgestellt, dass die Druckluftflasche auf der vom Einsatzobjekt abgewandten Seite liegt und dass ein möglichst senkrechter Sprungverlauf erfolgen kann. In das Sprungpolster eingesprungene Personen müssen sofort daraus befreit werden. Nach dem Wiederaufrichten des Polsters ist es wieder einsatzbereit. Bei hintereinander folgenden Sprüngen muss die Bedienmannschaft das Sprungpolster gegebenenfalls neu ausrichten.

8.8 Sicherheitshinweise für Rettungsübungen

Gemäß den Vorgaben der DGUV Vorschrift 49 „Unfallverhütungsvorschrift Feuerwehren" sind Rettungsübungen aus Höhen oder Tiefen so durchzuführen, dass Feuerwehrangehörige nicht gefährdet werden.

Derartige Rettungsübungen dürfen nur mit einer zusätzlichen Sicherung an einem weiteren Anschlagpunkt durchgeführt werden. Vor einer Übung aus einer maximal zulässigen Höhe sind Gewöhnungsübungen aus geringeren Höhen, beginnend bei Geschosshöhe, durchzuführen. Außerdem dürfen keine Personen auf Tragen eingesetzt werden. Bei Übungen in Schächten, Behältern, Silos oder ähnlich muss das Vorhandensein von gesundheitsgefährdenden Stoffen und Sauerstoffmangel ausgeschlossen werden.

In der DGUV Vorschrift ist weiterhin vorgegeben, dass bei der Ausbildung, bei Übungen und Vorführungen die Sprungrettungsgeräte so zu handhaben sowie die Fallkörper und Fallhöhen so zu wählen sind, dass die Bedienmannschaft nicht gefährdet wird. Zu Ausbildungs-, Übungs- und Vorführzwecken darf nicht gesprungen werden. Hierfür sind vielmehr Fallkörper (zum Beispiel ein Sandsack oder eine Übungspuppe) mit einer maximalen Masse von 50 Kilogramm zu verwenden und die Fallhöhe ist auf 6 Meter zu begrenzen.

Hinweis: Übungen mit Sprungpolster haben das Ziel, die sichere Handhabung, das heißt, das Aufbauen, das In-Stellung-Bringen und das Abbauen zu trainieren – und nicht das Springen selbst! Dies gilt auch für Vorführungen.

8.9 Selbstkontrolle und Testfragen

(Lösungen siehe Seite 84)

1. Wodurch wird eine zu rettende Person beim Absteigen über eine Leiter gesichert?

a) Durch einen Auffanggurt mit Kernmantel-Dynamikseil.
b) Durch eine Feuerwehrleine.
c) Gegebenenfalls durch eine voransteigende Feuerwehreinsatzkraft.
d) Durch einen Feuerwehr-Haltegurt mit Halteleine.

2. Welche Knoten und Stiche werden beim Retten mit einer Krankentrage angewendet?

a) Mastwurf, Halbschlag, Zimmermannsstich, Spierenstich.
b) Mastwurf, Halbmastwurf, Pfahlstich, Spierenstich.
c) Mastwurf, Halbschlag, Pfahlstich, Spierenstich.
d) Mastwurf, Halbschlag, Pfahlstich, Ankerstich.

3. Was muss bei der Rettung einer waagerecht liegenden Person mit einer Korbtrage beachtet werden?

a) Die Person ist mit Anschnallgurten und Fußstütze zu sichern.
b) Die Person muss immer von drei Einsatzkräften getragen werden.
c) Die Person kann auch von zwei Einsatzkräften getragen werden.
d) Personen dürfen bei Übungen zum Retten aus Höhen oder Tiefen nicht in der Korbtrage liegen.

4. Welche Sicherheitsmaßnahmen sind bei Übungen zur Rettung von Personen aus Höhen oder Tiefen zu beachten?

a) Übungen mit Sprungpolstern sind nicht erlaubt.
b) Übungen dürfen nur mit zusätzlicher Sicherung durchgeführt werden.
c) Übungen mit Personen auf Tragen sind nicht erlaubt.
d) Selbstrettungsübungen der Einsatzkräfte sind erlaubt.

9 Selbstretten

Bei einer unvorhergesehenen Brandausbreitung, beim Ein- oder Umstürzen von Bauteilen oder bei vergleichbaren Ereignissen in höher gelegenen Geschossen oder Bereichen von Gebäuden kann für die Einsatzkräfte eine besonders gefährliche Situation entstehen. Wenn in der Folge der Rückzugs- und Rettungsweg für die Einsatzkräfte nicht mehr benutzbar ist und auch Rettungsmöglichkeiten über Drehleitern, Hubarbeitsbühnen oder tragbare Leitern nicht erreichbar sind, verbleibt unter Umständen nur noch die Selbstrettung der gefährdeten Einsatzkräfte durch das Abseilen mit einer Feuerwehrleine und einem Feuerwehr-Haltegurt.

Hinweis: Da das Selbstretten aufgrund der fehlenden Absturzsicherung für die Einsatzkräfte mit Risiken verbunden ist, wird diese Rettungsmethode nur im äußersten Notfall und nur bei einer unmittelbaren Gefahr für Leben und Gesundheit angewendet!

9.1 Selbstretten mit Feuerwehr-Haltegurt

Die sich rettende Einsatzkraft muss zunächst einen geeigneten Anschlagpunkt (Dachbalken, stabiles Treppengeländer, ...) für seine mitgeführte Feuerwehrleine auswählen und dabei die Belastbarkeit des Anschlagpunktes abschätzen. Dieser sollte sich möglichst in der Nähe der vorgesehenen Ausstiegsöffnung befinden. Die Feuerwehrleine wird mit einem Mastwurf am Anschlagpunkt befestigt und mit einem Spierenstich gesichert. Dann wird der Feuerwehrmehrzweckbeutel mit der verbleibenden Feuerwehrleine durch die vorgesehene Ausstiegsöffnung nach unten geworfen. Zuvor werden untenstehende Personen durch Zuruf „*Achtung Leine!*" vor dem abgeworfenen Beutel und der Leine gewarnt.

Danach verschiebt die sich rettende Einsatzkraft den angelegten Feuerwehr-Haltegurt am Körper so, dass sich die Halteöse mit dem Sicherungsseil auf der Vorderseite des Körpers befindet.

Der Karabinerhaken vom Sicherungsseil wird so in die Halteöse eingeklinkt, dass bei belastetem Karabinerhaken der massive Teil des Karabinerhakens zu der Seite hinzeigt, auf der sich die Bremshand der sich rettenden Feuerwehreinsatzkraft befindet – bei Rechtshändern nach rechts, bei Linkshändern nach links. Die bereits am Anschlagpunkt befestigte Feuerwehrleine wird in eine Schlaufe gelegt, durch die Multifunktionsöse des Karabinerhakens geführt und dann in den Karabinerhaken eingeklinkt.

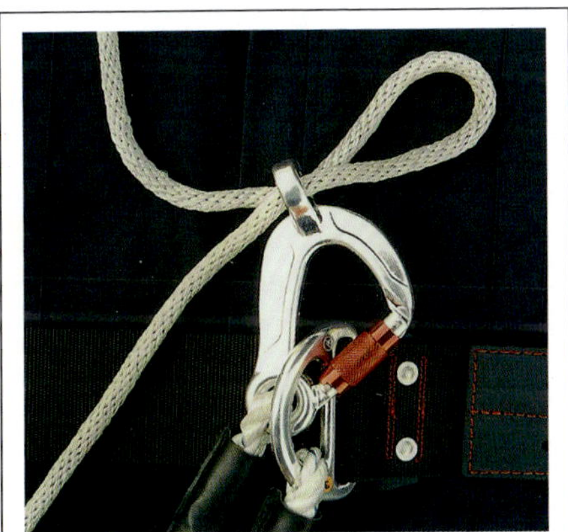	
Die Schlaufe wird durch die Multifunktionsöse geführt …	… und dann in den Karabinerhaken eingeklinkt.

Abbildung 61: Seilführung an der Multifunktionsöse (Quelle: Hans Kemper, Geseke)

Die Feuerwehrleine wird durch Zug mit der Bremshand so gestrafft, dass beim Aussteigen aus der Ausstiegsöffnung keine ruckartige Belastung der Feuerwehrleine und des Anschlagpunktes erfolgen kann. Die sich rettende Einsatzkraft steigt mit der Körperseite zuerst aus, auf der sich ihre Bremshand befindet, mit der sie dann die Feuerwehrleine führt – bei Rechtshändern mit dem rechten Bein, bei Linkshändern mit dem linken Bein.

Die Abseilgeschwindigkeit wird durch die Haltekraft der Bremshand geregelt, die dazu etwa in Hüfthöhe gehalten wird. Dabei ist ein ausreichender Abstand zwischen der Bremshand und der Seilumlenkung in der Multifunktionsöse einzuhalten (gestreckter Arm). Mit der freien Hand und mit den Füßen stabilisiert die Einsatzkraft ihre Körperlage und hält dabei Abstand zur Wand des Gebäudes.

9.2 Sicherheitshinweise für Selbstrettungsübungen

Gemäß den Vorgaben der DGUV Vorschrift 49 „Unfallverhütungsvorschrift Feuerwehren“ sind Selbstrettungsübungen aus Höhen so durchzuführen, dass Feuerwehrangehörige nicht gefährdet werden. Selbstrettungsübungen dürfen nur bis zu einer Höhe von maximal 8 Meter (Brüstungshöhe) und nur mit einer zusätzlichen Sicherung an einem weiteren Anschlagpunkt durchgeführt werden. Vor den Übungen sind Gewöhnungsübungen aus geringeren Höhen, beginnend bei Geschosshöhe, durchzuführen.

Darüber hinaus sind gemäß der Feuerwehr-Dienstvorschrift 1 (FwDV 1) bei Selbstrettungsübungen folgende Sicherheitshinweise zu beachten:

- Selbstrettungsübungen sind nur unter der Aufsicht von erfahrenen Feuerwehrangehörigen durchzuführen.
- Die übenden Feuerwehrangehörigen sind zusätzlich mit einem Gerätesatz Absturzsicherung von oben zu sichern.
- Vor dem Ausstieg der übenden Feuerwehrangehörigen sind die jeweiligen Sicherungen genau zu kontrollieren.
- Während der Selbstrettungsübungen muss beachtet werden, dass keine losen Kleidungs- oder Ausrüstungsteile in die Seilführung an der Multifunktionsöse des Feuerwehr-Haltegurtes hineingezogen werden.
- Das als Sicherungsseil verwendete Kernmantel-Dynamikseil ist von dem sichernden Feuerwehrangehörigen stets mit beiden Händen (Schutzhandschuhe tragen!) so zu führen, dass es stets straff läuft, aber noch keine Belastung erfährt.
- Zwischen dem sichernden Feuerwehrangehörigen und dem übenden Feuerwehrangehörigen im Seil ist eine ständige Sichtverbindung erforderlich.

10 Literatur- und Quellennachweis

Feuerwehr-Dienstvorschrift 1 (FwDV 1) „Grundtätigkeiten – Lösch- und Hilfeleistungseinsatz“, Stand: September 2006, Ausschuss „Feuerwehrangelegenheiten, Katastrophenschutz und zivile Verteidigung“ (AFKzV), W. Kohlhammer Deutscher Gemeindeverlag GmbH, Stuttgart

Feuerwehr-Dienstvorschrift 3 (FwDV 3) „Einheiten im Lösch- und Hilfeleistungseinsatz“, Stand: Februar 2008, Ausschuss „Feuerwehrangelegenheiten, Katastrophenschutz und zivile Verteidigung“ (AFKzV), W. Kohlhammer Deutscher Gemeindeverlag GmbH, Stuttgart

Feuerwehr-Dienstvorschrift 10 (FwDV 10) „Die tragbaren Leitern“, Stand: November 2019, Ausschuss „Feuerwehrangelegenheiten, Katastrophenschutz und zivile Verteidigung“ (AFKzV), W. Kohlhammer Deutscher Gemeindeverlag GmbH, Stuttgart

DGUV Vorschrift 49 „Unfallverhütungsvorschrift – Feuerwehren“, Ausgabe: Juni 2018, Deutsche Gesetzliche Unfallversicherung e.V. (DGUV), Berlin

DGUV Regel 105-049 „Feuerwehren“, Ausgabe: Juni 2018, Deutsche Gesetzliche Unfallversicherung e.V. (DGUV), Berlin

RODENBERG, E.: Leinen und Knoten – Leinen, Stiche und Bunde Schritt für Schritt“, 2. Auflage 2015, Richard Boorberg Verlag, Stuttgart

SCHOTT, L., RITTER, M.: „Aktuelles Grundwissen für den Dienst in der Feuerwehr“, 21. Auflage, Wenzel Verlag, Marburg

WERFT, W.: Fachwissen Feuerwehr „Grundlagen der Absturzsicherung“, 4. Auflage Juni 2019, ecomed SICHERHEIT, Landsberg am Lech

WERFT, W.: Fachwissen Feuerwehr „Einfache Rettung aus Höhen und Tiefen“, 2. Auflage November 2016, ecomed SICHERHEIT, Landsberg am Lech

Lösungen zu Kapitel 3.7: 1. a), b) und d); 2. a) und d); 3. b) und c); 4. b)

Lösungen zu Kapitel 4.6: 1. a), c) und d); 2. a) und c); 3. a), c), d) und e); 4. a), c) und d)

Lösungen zu Kapitel 5.6: 1. a) bis e); 2. b) und c); 3. b), c), d) und f)

Lösungen zu Kapitel 6.3: 1. b); 2. a); 3. b); 4. c)

Lösungen zu Kapitel 7.4: 1. b) und c); 2. b); 3. a) bis d); 4. a), d) und e)

Lösungen zu Kapitel 8.9: 1. b) und c); 2. c); 3. a), c) und d); 4. b), c) und d)